U0242155

Q.听说喝鲜奶可能导致缺铁，是真的吗?

医师·娘： 婴儿从出生开始，以母乳或配方奶为主，□□□□□□□□□□□□局要的营养成分比例也有所改变，尤其是铁这项营养成分，因为母乳中含铁量比较少，仅靠母乳为营养来源会让孩子缺铁。并不是说让孩子饮用鲜奶会缺铁，而是需要在添加辅食的过程当中均衡地摄取到富含铁的食物，例如猪肝等。鲜奶因为不像配方奶是有针对该年龄宝宝所需营养进行营养成分调整，再加上该年龄段的食量也不大，光是喝母乳或配方奶与辅食差不多就饱了，所以相较之下没有必要让鲜奶再占孩子的胃容量。当孩子过了辅食阶段，进入幼儿食阶段以后，基本上可以吃的跟大人差不多，而且母乳或配方奶也退居点心的角色时，就可以放心以鲜奶代替母乳或配方奶啦!

	食材名称	阶段1 6个月	阶段2 7～8个月	阶段3 9～12个月	阶段4 13～18个月	注意事项
		维生素、矿物质来源				
★蔬菜类	菠菜	△	◎	◎	◎	从柔软的叶子喂起，烫过后浸入冷水中去除苦味
	小黄瓜	△	△	◎	◎	做成蔬菜棒的时候也要先烫过
	胡萝卜	◎	◎	◎	◎	含有丰富的胡萝卜素，若做成蔬菜棒要先烫过，切记宝宝1岁前不能生吃
	茄子	△	◎	◎	◎	浸入冷水中去除苦味后再使用，去皮使用
	柿子椒	✕	△	◎	◎	推荐使用带有甜味的红柿子椒或黄柿子椒，丰富的色泽可增加食欲
	菜花	◎	◎	◎	◎	富含维生素C，在阶段1需磨碎
	圆白菜	△	◎	◎	◎	相当容易获得的食材，味道也平易近人。阶段1时避开较硬的梗，使用叶片部分打成泥开始
	莴笋	△	△	◎	◎	加热烹煮过再给宝宝吃
	蒜、姜	✕	◎	◎	◎	有非常多的硫化物，但给宝宝的量不宜过多，避免过于刺激
	豆芽	✕	✕	△	◎	切碎水炒做成羹汤会较易接受
	莲藕	✕	✕	△	◎	膳食纤维较多，因此磨成泥较易接受
	竹笋	✕	✕	✕	△	可喂宝宝吃比较柔软的部分，要去除苦味
	芹菜	✕	✕	△	◎	切碎之后少量加在炖煮的料理中
	菌菇类	✕	✕	△	◎	较有弹性，所以要切碎以利于食用
	落葵	△	◎	◎	◎	先从叶子开始喂起，本身带有一点苦味，可以尝试与其他食材混合降低苦味

医师·娘：
添加辅食鱼类，记得先喂白肉鱼，大一点才开始尝试红肉鱼。

食材名称		阶段1 6个月	阶段2 7~8个月	阶段3 9~12个月	阶段4 13~18个月	注意事项
蛋白质来源						
★红肉鱼	鲔鱼	⊗	△	◎	◎	加热后会变硬，所以要弄碎
	鲣鱼	⊗	⊗	△	◎	加热后会变硬，所以勾点芡
★青背鱼	竹筴鱼	⊗	⊗	◎	◎	留意细刺，必须弄碎食用
	秋刀鱼	⊗	⊗	◎	◎	确保处理干净鱼刺，并弄碎食用
	鲭鱼	⊗	⊗	⊗	◎	可能出现强烈的过敏症状
★其他海鲜类	牡蛎	⊗	⊗	⊗	◎	充分加热后切成方便食用的大小
	虾、蟹	⊗	⊗	⊗	△	可以磨泥做成羹汤
	墨鱼、章鱼	⊗	⊗	⊗	△	因煮后较硬不容易食用，为了安全起见，2岁后再开始吃
	银鱼	◎	◎	◎	◎	银鱼富含钙，非常适合宝宝。若买加工的银鱼干，必须仔细去除盐分
★鱼加工品	鲔鱼罐头（水煮）	⊗	◎	◎	◎	罐头鲔鱼要先过水再食用
	鱼板、竹轮	⊗	⊗	⊗	△	添加物和盐分较多，且较有弹性，宝宝咬不动，所以1岁后才能吃
	甜不辣	⊗	⊗	⊗	△	注意添加物，因盐分较多，所以要和蔬菜之类的食材一起煮
★肉类	鸡里脊	⊗	◎	◎	◎	刚开始要从1小勺磨成泥状再喂
	鸡肝、猪肝	⊗	△	◎	◎	要充分加热并磨碎或切碎
	鸡胸肉	⊗	⊗	◎	◎	脂肪比鸡里脊多，所以阶段3之后再喂
	牛瘦肉	⊗	⊗	△	◎	吃惯鸡肉后再给。加热后会变硬，所以要一点一点给
	猪瘦肉	⊗	⊗	△	◎	
	牛猪混合肉馅	⊗	⊗	△	△	阶段3之后从少量喂起，并选用脂肪较少的肉。另外，羊肉因为吃得较少，且去膻需要大量香料，故不列入
★奶制品	原味酸奶	⊗	⊗	⊗	⊗	1岁以后再吃，从1小勺开始喂起
	干酪粉	⊗	△	◎	◎	因盐分较多，所以从阶段2开始少量给予
	鲜奶	⊗	⊗	⊗	⊗	加热后才能给宝宝喝，原则上辅食阶段不建议作为常规饮用品，爸妈可让孩子大一点至结束辅食阶段再喝

宝宝各阶段食材速查表

当你不确定宝宝这个阶段能不能吃这种食材时，可以参考这张速查表来决定什么时候让宝宝尝试。这张表格是"家庭科的医师·娘"与"煮厨·史丹利"结合本书的食谱，针对常见食材简单分类的速查表，提供给爸爸妈妈参考。

本表的符号：◎是能吃的食材　△是喂食时得留意的食材　✕是还不到可喂食时期的食材

食材名称		阶段1 6个月	阶段2 7～8个月	阶段3 9～12个月	阶段4 12～18个月	注意事项
碳水化合物来源						
★ 米、面包类	米	◎	◎	◎	◎	随月龄渐渐减少煮粥时用的水量，最终煮成米饭
	吐司	◎	◎	◎	◎	刚开始要将吐司边去掉，煮成面包粥
	年糕	✕	✕	✕	✕	有噎到、误吞的危险，3岁之后才能吃
★ 面类	面线（或面条）	△	◎	◎	◎	面线要仔细冲洗，去除盐分后再食用
	通心面、意大利面	✕	✕	△	◎	比较有嚼劲，所以要煮软后切碎
	米粉	✕	✕	△	◎	泡水还原后煮软，还得切碎
★ 根茎类	山药	△	◎	◎	◎	先蒸熟后切块再打成泥，阶段1（6个月）时，过筛后可添加水分或高汤稀释调整至适合的浓稠度再喂食
	土豆	◎	◎	◎	◎	
	红薯	◎	◎	◎	◎	
	南瓜	◎	◎	◎	◎	

食材名称		阶段1	阶段2	阶段3	阶段4	注意事项
蛋白质来源						
★ 豆类	豆腐	◎	◎	◎	◎	阶段1时需磨碎或过筛
	豆浆	◎	◎	◎	◎	需选用无糖豆浆 本书第74页教爸妈们如何自制豆浆
	大豆	✕	✕	△	◎	煮软后压碎再喂
★ 蛋	鸡蛋黄	✕	◎	◎	◎	煮至全熟，刚开始先从1小勺纯鸡蛋黄喂起
	鸡蛋清	✕	△	◎	◎	吃惯蛋黄后，可喂鸡蛋清
★ 白肉鱼	鲷鱼	◎	◎	◎	◎	脂肪少、鲜味浓，是常用的食材
	多宝鱼	◎	◎	◎	◎	脂肪少且易碎，因此很利于喂食
	比目鱼	◎	◎	◎	◎	
	鳕鱼	△	◎	◎	◎	虽然是白肉鱼，但脂肪较多，所以阶段2之后再开始吃
	鲑鱼	✕	◎	◎	◎	要用新鲜鲑鱼，不要用咸鲑鱼

Q.什么是落葵?

煮厨·史丹利: 落葵,本身具有黏液,可保护胃肠,且富含膳食纤维,可帮助消化。因落葵的蛋白质含量比一般蔬菜多,且富含铁,是非常好的食材,在传统市场或超市都可买到。我们在本书食谱也会教大家做落葵辅食。

食材名称		阶段1 6个月	阶段2 7~8个月	阶段3 9~12个月	阶段4 13~18个月	注意事项
维生素、矿物质来源						
★ 水果类	苹果	△	◎	◎	◎	磨成苹果泥或做成苹果汤较易喂食 本书第116页教爸妈们自制苹果泥和/或苹果汤
	草莓	△	◎	◎	◎	由于吃的时候不需去皮,所以要仔细清洗,避免农药残留
	桃子	△	◎	◎	◎	口感滑滑顺顺,能促进食欲,且不酸
	橘子	△	◎	◎	◎	可作为酸味的调料使用,也可直接吃
	哈密瓜	△	◎	◎	◎	甜甜的,很容易入口,软软的,很适合宝宝吃
	猕猴桃	✗	△	◎	◎	有的宝宝不喜欢它的颗粒感和酸味
	西瓜	△	◎	◎	◎	吃起来甜甜的,水分很多也很好压碎,很适合宝宝食用
	香蕉	△	◎	◎	◎	容易压碎,拿来增加黏稠度也很方便
	菠萝	◎	◎	◎	◎	菠萝膳食纤维很多,阶段1需把果渣过滤成果汁比较合适;阶段3可切成小碎粒;阶段4可切小块给宝宝咀嚼
	番石榴	◎	◎	◎	◎	需确实挖除番石榴子,并磨碎或打汁
★ 海藻类	海带芽	✗	△	◎	◎	煮到软软稠稠的再用,也可以拌进粥之类的辅食之中
	琼脂	✗	✗	△	◎	凝固成较软的状态,可让食材较易食用
其他食品						
★ 其他	果酱	✗	✗	△	△	选用添加物和砂糖较少的产品
	蜂蜜	✗	✗	✗	◎	即使经过加热,仍然可能含有肉毒杆菌毒素,所以1岁过后才能吃

注意:此表格之 ◎△✗ 仅供参考,请依照宝宝的成长状况循序渐进给予,若有任何疑问,请询问医师。

Q.蚕豆症宝宝吃辅食要注意什么?

医师·娘: 蚕豆症是指因遗传因素导致葡萄糖-6-磷酸盐去氢酶缺乏的先天代谢异常疾病。患有蚕豆病,如果碰上特定的物质会使红血球受破坏产生急性溶血性贫血。例如接触到氧化性药物、蚕豆、樟脑丸、紫药水、磺胺剂,以及部分解热镇痛剂时都非常危险。一般饮食当中只有新鲜蚕豆与大量摄入蚕豆制品时会引发的危险,其他食物原则上并没有特殊禁忌。看病时需事先告知医师孩子为蚕豆症患者。若爸爸妈妈有任何相关疑虑,请咨询医师。

辅食超简单

医师·娘 李建轩 著

中国轻工业出版社

作者序

医师·娘／兔子

　　说起来汗颜，我家三代都不谙厨艺。所以一开始编辑要求我写辅食的时候，我说我来写"杀人料理100道"还比较快。但是出版社很有心，他们直接帮我准备了一名超厉害的厨师，所有开菜单、选择食材、备料和烹饪食物都是由煮厨史丹利老师（李建轩）完成的。

　　虽然关于均衡摄取营养，婴幼儿咀嚼发展是我负责的领域，但是哪些食材搭配起来才好吃，或是什么样的烹饪方式适合这样的食材，完全不是我的专长。关于这方面，我自身有深刻的体验：我奶奶念到第三高等女学校（相当于现在的高中），而且她也是选择理科。我小时候她会固定订阅《主妇杂志》，一次，她在杂志上看到鳝鱼对健康有益，当天她就兴冲冲地去市场买鳝鱼回来，要给我爷爷"补"一下。可能因为我家有"医师娘远庖厨"的传统，不知道为什么她把鳝鱼跟饭一起煮，效果嘛，讲好听一点是炖饭，其实跟喷（厨余垃圾的一种）有七八成相似。我跟爷爷只吃了一小勺就再也不肯入口，心理阴影大概跟"小巨蛋"一样大，直到我去台南玩时吃到鳝鱼意面才对鳝鱼这种食材有了新的看法。

　　讲这么多，我只是想表达，配餐跟配药一样，不是你精心搭配就一定会有效，还要兼顾食用才行。所以除了营养均衡这方面的考虑之外，如何做得好看又好吃是这本书最大的特色。

注 医师·娘，因为是家庭科医师，又是三个孩子的娘，所以给自己取名医师·娘，又因为上学时被同学叫"兔子"，所以常用"医师·娘/兔子"的写法签名。

刷我微博的人知道，这本书即将完成的时候，我随着太医（我的儿科医师老公）旅居京都，被迫"左京都太太无休日"。那时候我每天都要骚扰史丹利老师，向他请教各种下厨房的秘籍，直到这本书出版，我们全家人基本上还活得好好的——没有食物中毒，也没饿死。所以大家可以信赖史丹利老师的指导，最重要的理由是，他也是三个小孩的爸爸！光是带着三个孩子还有办法煮饭，就非常令人尊敬了，更别说史丹利老师还很会亲子共厨，根本是主厨界的金城武呀。我觉得这本书唯一的缺点就是，就算是食物泥，也不会像喷，所以无法在生老公气的时候，晚餐给他吃婴儿辅食当惩罚了……把遥控器跟电子产品藏起来可能更有效。

　　附注： 我的孩子目前都已经过了吃辅食的年纪了，可是看完史丹利老师设计的食谱，我也很想自己尝试做做看，只是没有吃的对象，我只好叫太医"试毒"了。

注 我看过文青团体"男子休日委员会"出的《左京都男子休日》后，常在网络自称我是"左京都太太无休日"。

作者序

煮厨·史丹利

哈啰，各位读者大家好，我是煮厨·史丹利李建轩。身为厨师与三个孩子的爸爸，我在孩子饮食方面最关心的就是"是否吃得营养、健康、开心、享受"。随着家中第三个宝贝的报到，我再次过上了日日准备辅食的生活。

对于孩子的成长，相信各位爸妈和我一样，都很在乎家中宝贝吃的辅食是否能够兼顾成长各阶段所需营养。这次很高兴能和医师·娘／兔子医师合作，由医师和厨师合作撰写一本婴幼儿辅食书。医师·娘从专业的角度出发，针对宝宝的咀嚼、吞咽功能与各项身体发展指标，给身为爸妈者提供他们想知道的信息。此外，她特别分析了各项常见食材的营养成分，让我设计食谱时受益匪浅。在我们多次交流讨论、反复修改的过程中，我们都希望能够写出各位爸妈真心想要的自制辅食指南。

由于我家现在有正在吃辅食的孩子，因此书中所有食谱都是我在日常生活中实际煮给家中孩子吃的辅食。我的辅食原则很简单，就是"安心、健康、无添加"。我设计的食谱都不需加盐调味，运用食材的天然风味，结合煎、煮、炒等烹调方式给孩子美味和健康。像书中许多羹类，我完全不用淀粉勾芡，而是用新鲜的玉米、落葵、自制米浆等勾芡。

你知道吗？许多人以为辅食就是专门给宝宝吃的食物，其实也能作为全家大小一起享用的美味三餐。只要用心，谁都能变出满桌子好菜。像是我利用家中老三吃的南瓜泥变出南瓜面疙瘩、南瓜豆浆冻、南瓜菜花炖饭……这些，我6~8岁的女儿都吃得津津有味！因为婴幼儿辅食不能添加太多调料，所以建议各位爸妈另外盛一份，只要加点调料，大人也能一起吃。

许多爸妈常和我说："史丹利老师，我光是带孩子就够忙了，还要自己做辅食，你的食谱会不会很难啊？"各位的心声我都懂！平时设计辅食食谱时，我都特别简化了步骤，做出来的辅食既符合孩子该阶段营养需求，食物整体的风味又招大人喜欢。像书中教的洋葱碎、蒜碎、胡萝卜碎，或是各种口味的高汤，不只做辅食时可添加，大人平常吃的食物也适用，且营养价值非常高。

至于如何让孩子胃口好，并在成长的过程中吃得开心、吃得健康呢？提供大家一些小窍门。我平常会试着做一些可爱造型，或利用方便实用的模具，做出满足视觉与味觉的餐点。说到这个，我就要检讨一下了。我老婆之前买了一堆可爱动物造型小叉子，我当初还说她浪费钱，买那么小又不好用的东西，想不到把这些叉子叉在水果、蔬菜上，我女儿一口接一口，吃饭的意愿大幅提高！

最后，感谢各位读者的阅读，希望这本书能在你的辅食制作之路上，提供实用的建议与指引，伴随家中宝贝健康成长！

CHEF
李建轩
Stanley

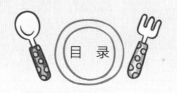

目 录

Part 4 安心美味食谱，让宝宝健康成长

宝宝9~12个月**健康吃** 126

Part 1

儿科医师贴心解惑：
宝宝辅食相关知识

辅食四阶段食材颗粒图像

我来替大家解惑.

持日本医师执照、日本小儿专科证书
台北医学大学附设医院儿科主治医师｜张玺

　　宝宝的辅食之路是循序渐进的，在6个月时进入辅食初期，是让宝宝练习从"喝"到"吃"的过程。这方面，对宝宝来说所有的尝试都是新的体验，所以有不适应的反应是正常的。

　　在尝试辅食时，如果宝宝吃一吃就吐出来也不用太紧张，给他一点时间慢慢习惯，不必操之过急，毕竟每个宝宝的步调快慢不同。

宝宝辅食四阶段

　　在帮宝宝准备辅食的时候，要考虑符合其月龄特点的食物。辅食进展，可根据咀嚼能力与消化系统的发展分为四个阶段。

　　随着孩子逐渐长大，食材的颗粒会由小到大，由液态到固体（请参考第16页四阶段食材颗粒图像）。

第一阶段
（初期）
6个月

➡ 捣烂到呈
滑顺状态

1次
· 上午10:00

第二阶段
（中期）
7～8个月

➡ 可用舌头压碎
的硬度

2次
· 上午10:00
· 下午6:00

第三阶段
（后期）
9～12个月

➡ 能用牙床压碎
的硬度

3次
· 上午10:00
· 下午2:00
· 下午6:00

第四阶段
（完成期）
13～18个月

➡ 能用牙和牙床
"咬"碎的硬度

3次+点心
· 上午7:30
· 中午12:00
· 下午3:00（点心）
· 下午6:00

四阶段食材颗粒图像

第一阶段
（初期）
6个月

泥糊状
（滑顺浓稠的状态）

碎粒状
（颗粒介于细肉馅和粗肉馅之间）

第二阶段
（中期）
7~8个月

切片状
（厚度1~2厘米）

碎块状
（颗粒1~2立方厘米）

第四阶段
（完成期）
13~18个月

第三阶段
（后期）
9~12个月

★第一阶段（初期）：6个月

辅食初期，由于宝宝刚开始出牙，吃东西时会用吞咽的方式。这个时期应该从滑顺泥糊状的食物开始尝试，例如米糊、粥、蔬菜泥等。

★第二阶段（中期）：7~8个月

辅食中期，宝宝吃东西会用上腭压碎食材，爸爸妈妈要准备软硬适中的小碎粒食品。

★第三阶段（后期）：9~12个月

辅食后期，宝宝会用牙龈将食物"咬"碎，属于轻咀嚼期，这个时期会准备小丁状的食物。

★第四阶段（完成期）：13~18个月

进入辅食完成期，此时宝宝能用门牙咬断食物，食材颗粒可以调整为适合咀嚼练习的大小。由于有的宝宝臼齿还没长好，因此还无法将食物磨碎，爸爸妈妈要注意避免给宝宝吃太硬的食物。

浅谈辅食与
食物过敏

持日本医师执照、日本小儿专科证书
台北医学大学附设医院儿科主治医师 | 张玺

我来替大家解惑.

宝宝开始尝试辅食后，许多爸妈最担心的就是宝宝食物过敏的问题。过去常有人因为怕给孩子吃辅食后诱发过敏，便避开容易过敏的食材或是延后添加这些食材。但现在我们提倡让孩子每一种食物都试试看，而且不需要延迟，只要掌握"少量开始，一次一种"的原则即可。如果发现孩子有食物过敏的现象，可以带到医院咨询医师，找到过敏原。

低过敏性食物和高过敏性食物

对于容易导致过敏的食物，每个国家和地区都有相关规定，要求食品包装必须标注过敏原。有些国家和地区，食品药物管理相关部门有"食品过敏原标示规定"，只要市售食品含有以下成分，都要显著标示含有致敏性食物名称及相关警示信息。

❶ 虾及其制品
❷ 蟹及其制品
❸ 芒果及其制品
❹ 花生及其制品
❺ 牛奶及其制品（由牛奶取得的乳糖醇不在此列）
❻ 蛋及其制品

日本的厚生劳动省有《食品标示法》，若添加香料、色素等，或是以下五种过敏原成分，皆须清楚标示。五项强制标示过敏原如下。

❶ 蛋
❷ 牛奶及其制品
❸ 小麦
❹ 荞麦
❺ 坚果类

因为日本吃荞麦制品比较多，所以特别强调此项过敏原。一般来说，西方人比较容易对花生过敏，而且花生严重过敏会发生休克。

孩子6个月大时添加辅食，这是孩子开始尝试新食物的阶段，爸妈并不需要特别避免或是延后让宝宝接触所谓"高过敏性"的食物。哪些属于低过敏性的食物？像是蔬菜、苹果都属于低过敏性的食物，不过也有一些人容易对芋头、红薯过敏。

总而言之，宝宝进入辅食阶段后，爸妈应该各种食物都让他尝，但要每次少量给予。若想判断孩子是否会对某种食物过敏，平常在准备辅食时做个记录，将当次所用食材详细写下来，孩子多试几次但只有发生一次过敏，之后尝试皆无出现过敏反应，那么就可以排除这种食材过敏了。

食物过敏的症状

食物过敏最常见的症状是起疹子，像是荨麻疹、湿疹等，有的时候也会出现眼睛出血的情况。另外，可能也会有血管扩张、呕吐、拉肚子等症状。最危险的症状是上呼吸道水肿，像有些对花生过敏的人吃了花生就会导致气管黏膜水肿，造成呼吸困难、心跳加快、意识不清，甚至昏迷。发生这种情况就非常危险了，必须马上叫救护车，不能实施海姆立克急救，因为海姆立克急救是用于异物哽塞，例如吃果冻噎住（切记给宝宝吃果冻时一定要剁碎）。若因花生过敏导致气管黏膜水肿，通常情况非常危急，必须立即送医注射肾上腺素急救。

Q. 宝宝接触辅食开始出红疹，是食物过敏吗?

宝宝出红疹，不排除是食物过敏，但也有可能是其他原因引发的，需考虑宝宝当时的身体状况。出疹子除了过敏因素，也可能和食物的状况有关，例如食物不新鲜，又或者宝宝当时轻微感冒，抵抗力较差。另外，当宝宝尝试某种食材出现过敏现象，不代表之后吃同样食材也过敏。如果只是单纯出红疹的话，爸妈不必太担心，待疹子完全好了以后，可以再给宝宝少量尝试一次同样的食材。

爸妈最想知道的辅食问题

持日本医师执照、日本小儿专科证书
台北医学大学附设医院儿科主治医师 | 张玺

Q1 如果宝宝不爱吃辅食，我是不是可以晚一点再开始喂辅食？

基本上，6个月以后营养不可能完全单纯从母乳或配方奶来摄取，开始吃辅食的年龄建议在宝宝满6个月，不宜过晚。辅食的功能除了提供营养之外，"咀嚼"与"吞咽"是这个时期要锻炼的两个动作。另外，辅食对宝宝味觉的形成也有影响。孩子不想吃或不喜欢吃辅食，有可能是因为还不适应，建议爸妈多尝试不同的食材或做法。

Q2 一开始吃辅食的时候，有些宝宝接受度比较高，有些比较低，甚至有些宝宝可能会吃得很慢还总吐出来，这些现象都正常吗？

这些都是正常的。我们都知道辅食的口感和我们大人吃的食物不一样，开始给宝宝添加的辅食通常都是稠稠的液态食物或糊状食物，例如米糊、粥、蔬菜泥等。宝宝刚开始吃的时候，可能不知道这是可以吃的食物，因为在味觉上和口感上都和母乳或配方奶不同。

辅食期是训练宝宝接触各种味道的重要阶段，我们根据不同的口感与味道来建立宝宝后续的饮食习惯，让他尝试多样化的食物，摄取均衡的营养，以免日后偏食。所以宝宝一开始不习惯吃辅食很正常，因为他没有吃过这些东西，可能要花上3~4周才能慢慢接受。爸妈一开始不必太气馁，也不必过于担心孩子不接受，这些都是正常的现象。

Q3 如果喂宝宝稀粥时想增加一点营养，可以加一些小鱼或排骨吗？

如果是想补钙的话，把小鱼煮熟加入是可以的。不过我建议，不论是排骨还是鱼，都不必每餐给宝宝吃。孩子在6~18个月这个时期各种食物都应该要尝试，不要因为觉得某种食物对宝宝很好，就大量给予。我常跟爸妈说喂辅食就像投资一样，你不会只买股票，可能还有房地产或是海外资产，这就如同鱼是很好的食材，但不需要每餐都吃，尽量让宝宝各种食材都尝试，摄取均衡的营养。

Q4 宝宝吃饭的时候喜欢用手把食物抓得到处都是，这正常吗？我该纠正宝宝吗？

其实这是正常的，因为宝宝一开始接触辅食的时候，不知道那是可以吃的东西，所以会拿来玩。宝宝玩食物或是把食物丢在地上，都是正常的探索本能。不过如果过了一段时间后孩子还是把食物弄得到处都是，爸妈就要适度制止了，不要让自己太辛苦。

· ·

Q5 宝宝的体重需要控制吗？如果我家宝宝辅食的食量很大，可以再帮他多加一点饭吗？会不会有体重过重的问题？

当然可以加。一般来说，我们不太会特别限制孩子的饮食量。吃饭其实应该是一件很享受的事情，除非体重过重，需要儿科医师进行饮食监控，一般不建议限制宝宝饮食。如果要控制食量，我会建议限制含糖过多的食物，例如点心、含糖饮料。若孩子真的需要进行体重控制的话，日常饮食要配合营养师的规划来控制每餐的热量。

基本上，宝宝体重长得好，身体和脑部发育没有问题，发展的部分也没问题的话，只要体重在生长曲线上看不出什么毛病，都不需担心。比起长胖，我们最忌讳的是"体重下降"，通常体重一直往下掉是因为生病或是过敏，所以需要特别小心。另外，短时间的体重下降大部分是因为肠胃炎造成的，通常宝宝拉肚子1~2周，体重大约会下降1千克，之后就会慢慢恢复正常。

我家宝宝爱挑食，请问有什么改善方法吗？

  爱吃肉，讨厌吃菜的孩子

如果孩子喜欢吃肉的话，可以把菜弄得碎碎的，拌在肉里面，这是最常用的做法。孩子挑食，有时候可能是食物形状或是口感的问题，爸妈可以试着变换口感或味道，用其他食材的味道将这种食材压过去，例如孩子不喜欢吃蔬菜，可以试着做肉丸子。日本妈妈最常用的是咖喱，因为咖喱味道很重，会把食材的味道压过去，而且多数食材加进咖喱都很合适。如果孩子喜欢吃甜甜的味道，也可以在咖喱中加一点苹果。一般人对咖喱接受度还是很高的，很少见谁不喜欢吃咖喱。

 爱吃菜，讨厌吃肉的孩子

如果孩子不喜欢吃肉，比较喜欢吃菜，可以把青菜煮成汤的时候加一点碎肉。比较辛苦一点的方法是在食物造型上做文章。不过做这些造型还是以自己有多余时间和心力为前提，不要因此给自己太大压力。

 和大家一起吃饭

除了在做辅食这件事上多花一点小心思，还有另一种方式，就是营造出大家都很享受吃饭的气氛。当所有人都在吃的时候，宝宝就愿意跟着吃。通常爸妈吃给孩子看效果不大，如果是和小伙伴在一起，大家都乖乖吃饭的话，孩子会觉得自己要和大家一样。

 让孩子自己动手

如果孩子的年龄大一点，还有一个改善挑食的方式，就是让孩子参与做简单的饭菜。一般来说，就算自己做的饭菜不好吃，大部分孩子还是会吃完，因为参与做菜的过程，一方面可以让他产生成就感，另一方面可以让他知道"做饭很辛苦，种菜给我们吃的农民也很辛苦"。

Q.7 如何培养宝宝自主进餐的习惯?

➡ 让宝宝有属于自己的吃饭位置，并创造一个可以专心吃饭的环境。宝宝吃饭时要关掉电视，玩具也要收起来。让孩子知道，吃饭时一定要坐在自己位置上，吃是很重要的。如果他有时撒娇想要大人喂，偶尔喂他没关系，但尽量鼓励他自己吃。不过在喂辅食的初期阶段，需要给孩子一段时间慢慢建立这些观念。

宝宝吃了点心之后就吃不下正餐，怎么办？

 点心一般是在下午两三点给孩子吃，除了热量要控制，给的量也要有所限制。最简单的方法就是，不要把整包拿出来，一次只给一部分，因为点心毕竟不是正餐。

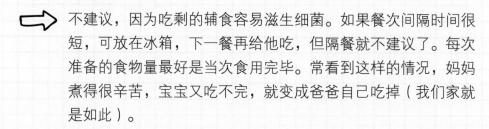

吃剩的辅食可以放回冰箱，留到下次再给宝宝吃吗？

不建议，因为吃剩的辅食容易滋生细菌。如果餐次间隔时间很短，可放在冰箱，下一餐再给他吃，但隔餐就不建议了。每次准备的食物量最好是当次食用完毕。常看到这样的情况，妈妈煮得很辛苦，宝宝又吃不完，就变成爸爸自己吃掉（我们家就是如此）。

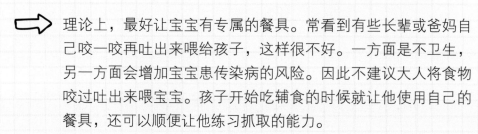

妈妈试过味道的勺子，可以直接用来喂宝宝吗？

理论上，最好让宝宝有专属的餐具。常看到有些长辈或爸妈自己咬一咬再吐出来喂给孩子，这样很不好。一方面是不卫生，另一方面会增加宝宝患传染病的风险。因此不建议大人将食物咬过吐出来喂宝宝。孩子开始吃辅食的时候就让他使用自己的餐具，还可以顺便让他练习抓取的能力。

Q.11 宝宝喜欢张嘴等待喂食，不喜欢自己吃，该怎么办？

 最好的方式就是多鼓励他。一般来说，1岁多的孩子都有想要自己吃的愿望。爸妈可以利用孩子的偶像引导他，例如和孩子说："你看巧虎都会自己吃饭。"孩子刚开始学习自己吃饭时，爸妈也可以鼓励他说"你好棒"，或是帮他拍拍手，让他感到受到肯定。

Q.12 宝宝为什么会便秘？

 开始吃辅食以后，便便的质地和形状会与只吃母乳或配方奶的时候不同。很多宝宝人生第一次的便秘就是发生在这个时期。通常可能导致便秘的情况，除了先天肠胃问题外，很可能是饮食内容不恰当以及没有良好的排便习惯。

6个月以上的宝宝，理应进入辅食时期，如果此时顺利开始吃辅食，摄取到足够的碳水化合物和膳食纤维，对预防便秘是有帮助的。

有些家长会将米粉、麦粉等加入配方奶中冲给宝宝喝。其实这样做并不恰当。因为辅食的重要功能之一就是促进吞咽与咀嚼的发展。用奶瓶喂辅食的做法，宝宝还是以吸吮的方式进食，不利于咀嚼、吞咽发展。另外，米粉、麦粉属于精致食物，主要的营养成分只有碳水化合物。

为避免宝宝便秘和兼顾营养，最好同时给予宝宝新鲜蔬果制成的辅食。辅食时期的水分摄取不足，常会引起宝宝便秘，而建立健康饮食习惯也是辅食时期的任务之一。

保证宝宝摄入足够水也是预防便秘的一种方法。除了在宝宝饮水方面挖空心思引起他们喝水的兴趣外（例如视宝宝喜好挤一点柠檬汁等，但切记蜂蜜是禁止食用的）。辅食本身的含水量也是可以增加宝宝摄取水分的手段，比如制成羹汤等就可以让宝宝在进食的时候不知不觉喝到许多水分。若爸爸妈妈想以果汁来补充水分，则要特别注意果汁中糖的含量。

特别收录！

如何刺激宝宝排便

按摩

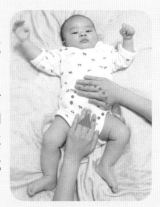

顺时针方向用手掌轻柔地按摩，搭配婴儿油或是胀气膏、薄荷精油使用，以促进肠胃蠕动。注意：蚕豆症的宝宝不可以使用此类挥发性外用品。建议洗澡后进行按摩，或宝宝心情平和的清醒时段。刚吃饱或是哭闹不止的时候不要按摩，前者容易造成溢奶，后者因哭闹时腹部用力，按摩也没有效果。

便便操

跟婴儿玩耍的时候，抓着他的双腿一上一下模拟走路姿势来运动他的双腿，也可以达到促进肠胃蠕动的效果。若能同时跟宝宝说话或是唱歌更好。

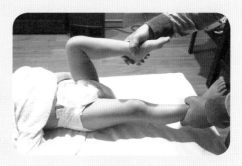

刺激肛门

洗澡前用棉签刺激肛门，或是棉签蘸一些润滑物（如橄榄油等）插入肛门0.5~1厘米深，轻轻地顺时针转圈。

摘自中国轻工业出版社《实战育儿：65招搞定难缠宝宝》。

Part 2

医师·娘专业解说：
宝宝辅食关键专题

医师·娘的辅食专栏

听我的就对了！

现任家庭科医师 | **医师·娘**

随着宝宝逐渐长大，只吃母乳或配方奶是不够的，会导致宝宝营养不良，因此我们开始为宝宝添加辅食。辅食在日本叫断奶餐，英文是baby food。辅食的"辅"字，表示不是一般大人吃的正餐，是一个过渡的概念。宝宝以母乳或配方奶为主，直到和大人吃一样的食物。这段过渡期间为6~18个月。

🧒 辅食通常满6个月开始添加

《中国居民膳食指南（2016）》的建议是满6个月（180天）的宝宝开始添加辅食，但每个宝宝添加辅食的进度不太一样。以往认为辅食是4个月开始添加，但根据一些新的证据显示，6个月开始让宝宝接触各种食物，能降低他们发生过敏的风险，例如异性皮肤炎、哮喘、过敏性鼻炎等。所以现在中国推行6个月开始给予辅食。

 推行6个月开始给予辅食的原因。

① 因为宝宝到比较大的月龄时，母乳所含的营养素已不足以负担他成长所需的营养，特别是铁。若完全靠母乳到1岁以上，孩子容易发生缺铁性贫血。

❷ 根据宝宝的月龄、牙齿生长，以及咀嚼能力，可将添加辅食阶段粗略分为四个阶段。

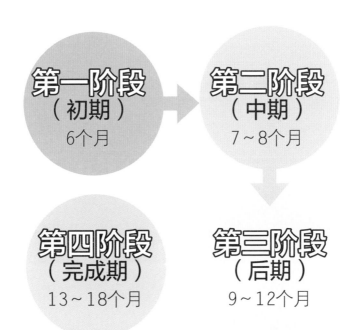

在这四个阶段中，食物颗粒大小、餐具选用、喂食的方式都根据不同阶段而变化。在此要特别强调，上述分为四个阶段是为了方便叙述，实际执行时，阶段划分没有绝对的精确时间点，并不是宝宝今天过了23:59分满7个月就要马上换成第二阶段。辅食的所有阶段都是循序渐进的，一开始第一阶段会准备毫无颗粒的浓稠汤糊状食物，到了7个月左右可以吃微小颗粒的食品。若有一天孩子肠胃炎、食欲不振，就可能需要退到前一期的辅食状态，这都是正常的现象，不需要因为觉得孩子落后就着急，还要求孩子一定要"赶上"。

辅食的添加原则

开始尝试辅食的初期，建议一次一种食材，试3~5天后没什么异常，再换新的食材。另外，辅食若只有单一食材也很无趣，爸妈可以尝试结合不同的新食材，像是米糊过筛后加入新的食材，如果宝宝有什么状况，就可以知道是新食材的问题，因为旧食材（米糊）之前测试过是没问题的。所以可利用额外添加新食材的方式来测试，但要保持一次添加一种新的食材，方便确认此种食材是否会导致宝宝过敏。

我常建议爸妈"不要因为一次过敏，就不再让孩子接触该食材"。因为宝宝的免疫系统是会变化的，有可能前期对某种食材过敏，等到免疫系统较成熟之后就不过敏了。高致敏性又常见的食材，例如鸡蛋清，如果只因一次对鸡蛋清过敏而一辈子都不吃鸡蛋，这样会让宝宝错过这种食物，导致饮食选择受限。

若是出现过敏，爸妈可以先不让宝宝吃那种食材，隔一段时间之后再尝试。大原则一样是"一次增加一种新食材到原来就有没问题的食材中"，尝试3天左右，说不定孩子的肠道发育或是免疫系统更成熟，就不会过敏。辅食之路不是绝对的单行道，中间可能会倒退、绕路或是绕一大圈回来再重新走。

母乳或配方奶与吃辅食的比例

吃辅食之后还是要吃母乳或配方奶，只是比例上会调整。举例来说，宝宝一般一整天喝600~1000毫升母乳或配方奶都是正常的，但是因为他们的热量需求随生长而提高，开始吃辅食之后，虽然奶的热量比重降低，但奶量不见得要减少，因为整体需要的热量是上升的。

到辅食完成期的时候，一天的奶量大约是500毫升，这时要检查一整天给他吃的东西。有些妈妈很关心营养不足的问题，通常辅食后期已经可以在餐盘上出现各种食物，发生营养不良的情况比较少。基本上，只要碳水化合物、蛋白质等营养均衡分布在宝宝的辅食中，就不必太担心。

【各阶段母乳、配方奶与辅食的比例】

初期：6个月

这个时期是宝宝从只吃母乳或配方奶到接受辅食的初期阶段，食物要准备容易吞咽的滑顺泥糊状，让宝宝小口小口地吃。

	母乳、配方奶	辅食
前半	**90%**	**10%**
后半	**80%**	**20%**

中期：7~8个月

宝宝食量开始渐渐增加，辅食比重也相应增加。食物要准备能用上腭压碎、软硬适中的小碎粒。

	母乳、配方奶	辅食
前半	70%	30%
后半	60%	40%

后期：9~12个月

营养摄取由母乳、配方奶为主过渡到辅食为主，铁的摄取相当重要！

	母乳、配方奶	辅食
前半	45%~50%	50%~55%
后半	35%~40%	60%~65%

完成期： 13～18个月

辅食逐渐成为主要营养来源，此时宝宝咀嚼能力已经能用门牙咬断，食物可以调整为适合牙龈咀嚼练习的硬度和大小。

	母乳、配方奶	辅食
前半	**35%**	**65%**
↓		
后半	**20%**	**80%**

因为宝宝在辅食初期每天可能只吃1～2餐，也许早上只吃水果，所以蛋白质还是要靠奶补充。辅食和奶的给予基本上以3天为一个循环，只要这三天保证宝宝摄取足够的营养素种类和量就足够了。

辅食除了三餐之外，中间还有两次点心，点心可以给宝宝手指食物（Finger Food）。手指食物可以自己做，也可以直接买。在本书中，我们会教爸妈做简单的手指食物，你可以根据食材做出不同形状，或是依月龄设计不同大小。米饼或吐司棒都是常见的手指食物，只要把食材变化一下，就可以做出蔬菜口味、海鲜口味、水果口味等，做法很简单。既可以当点心，又很方便保存。

 辅食的五大功能

功能❶：补充宝宝成长需要的营养

随着成长，宝宝消化吸收的能力会不断提高。这时候母乳跟配方奶的营养素已不足以满足他成长所需的营养，所以从6个月后就要开始尝试吃辅食了，以摄取足够的营养。

功能❷：咀嚼及吞咽训练

辅食很重要的功能之一，就是训练咀嚼和吞咽。咀嚼与吞咽涉及许多器官的运作与协调，是相当精细的动作。宝宝在这期间的咀嚼发展，不会因为接受辅食而结束，它是一个"开始"。所以开始喂辅食时会特别强调选择合用的勺子，并注意食物的质地、颗粒的大小等细节。

6个月的宝宝只能吞咽，还不会咬，此时若给他块状食材，就超出他的能力。爸妈准备辅食时，一定要配合宝宝肌肉的发展训练咀嚼。

最近一项试验成果指出：咀嚼可以刺激脑部发育，让脑部发展较好，还能降低老年人患阿尔茨海默病的风险。过去已经有诸多统计的结果显示，可以靠锻炼脑力与记忆力，来延缓大脑衰退的速度，甚至可以通过刺激脑力和记忆力来活化大脑。所以咀嚼训练要从小开始，爸妈除了在意辅食的营养是否均衡之外，给予孩子适当的咀嚼刺激也是很重要的！

关于宝宝咀嚼能力的发展

宝宝在尝试辅食初期完全没有把食物压扁的能力，所以一开始会给他糊泥状、汤状的食物。接下来，孩子慢慢会有可以用舌头顶住上腭把食物压扁的能力，再进一步才是用牙龈"咬"食物。1岁之后，宝宝长牙越来越完全，逐渐有可以把食物咬断的能力，但是这个时候还没办法把食物完全磨碎，因此不能给他太硬的食物。孩子牙齿长全的年纪是2~2.5岁，所以2岁以前的孩子没有把食物完全磨碎的能力。

另外，有些食物并不是剪小块就能喂孩子，还要考虑到硬度，像竹笋，即便剪成颗粒状，宝宝还是嚼不碎，因为竹笋的硬度没法用牙龈咬断，顶多门牙稍微咬断。若将竹笋喂给宝宝，他会整颗吞下去，反而容易噎到。

【宝宝舌头的动作及吃法】

舌头前后运动

第一阶段（初期）6个月

此时嘴巴四周的肌肉还不发达，舌头只能做出前后移动的动作（下腭随着舌头前后运动），宝宝会将放入口中的东西从前面一点一点移到里面咽下。

舌头的上下运动

第二阶段（中期）7~8个月

舌头可以上下、前后移动。进食时会将食物顶住上腭压碎。宝宝会以嘴巴前端摄入食物，并用舌头及上腭将其捣碎。

舌头的左右运动

第三阶段（后期）9~12个月

舌头除了可以上下、前后移动外，开始会左右移动了。此时宝宝会将无法用舌头及上腭压碎的东西移至牙床"咬"碎。

长牙能咀嚼了

第四阶段（完成期）13~18个月

嘴巴附近的肌肉更发达，牙也长出来了，但因为臼齿还没长出，要注意避免给宝宝吃太硬的食物。

【观察喂食时宝宝的嘴唇】

6个月

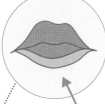

闭起嘴唇进食。

特征

① 上唇的形状不变，下唇内缩。

② 嘴角动的幅度不大。

③ 闭起嘴唇吞入。

7~8个月

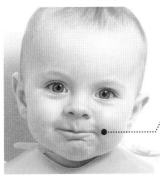

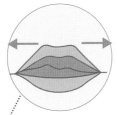

嘴的左右同时伸缩。

特征

① 上下唇确实闭起，看起来变薄。

② 嘴的左右同时伸缩。

9~12个月

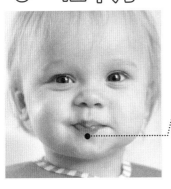

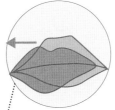

闭起嘴唇进食。

特征

① 上下唇同时协调地进行扭动动作。

② 咀嚼那边的嘴角缩起（轮流偏向一边伸缩）。

　　婴幼儿与大人的吞咽方式不同，吞咽能力的发展有固定的顺序阶段。有些小宝宝可能会有进食或吞咽困难，爸妈可能通过观察发现一些特征（见43页表格）。当宝宝抗拒进食时，有可能是因为"对于触觉过度敏感"，这样的宝宝通常对放入口中的勺子、牙刷非常敏感，并因此产生抗拒。

摄食吞咽能力的发展八阶段

经口摄取准备期	觅食反射、吸吮手指、舔吮玩具、吐舌（安静时）等
吞咽能力获得期	下唇内收、舌尖固定（闭口时）、蠕动舌头运送食团（以姿势辅助）等
捕食能力获得期	以随意运动方式开合上下腭、嘴唇，用上唇捕食（用摩擦方式取得）等
压碎能力获得期	嘴角水平运动（左右对称）、扁平的嘴唇（上下唇），用舌尖挤压上腭皱折等
磨碎能力获得期	颊部和嘴唇的协调运动、抽拉嘴角（左右不对称）、上下腭的偏移等
自主进食准备期	咬东西玩、抓东西玩等
抓食能力获得期	转动颈部的动作消失，用前齿咬断后从嘴唇中央捕食等
使用餐具 摄食能力获得期 ❶ **使用勺子** ❷ **使用叉子** ❸ **使用筷子**	转动颈部的动作消失，将餐具放入嘴唇中央，用嘴唇捕食、左右手的动作协调等

各时期的动作特征及功能不全的症状与异常动作

时期	动作特征	功能不全的症状与异常动作
经口摄取准备期	觅食反射；吸吮手指；舔玩具；吐舌等	拒食；触觉过敏；拒绝进食；残留原始反射等
吞咽能力获得期	下唇内翻；舌尖固定；用蠕动舌头的方式运送食团等	噎呛；张口吞咽；食团形成不完全；流口水等
补食能力获得期	上下腭、嘴唇自主关闭；用上唇捕食（磨取）等	漏出食物（从嘴唇漏出）；过度张嘴；吐舌；咬勺子等
压碎能力获得期	嘴角的水平移动（左右对称）；舌尖往上腭皱折处挤压等	吞食（软的食品）；吐舌；食团形成不完全（和唾液混合不完全）等
磨碎能力获得期	拉动嘴角（左右不对称）；颊和嘴唇的协调动作；上下腭的偏移动作等	吞食（硬的食品）；食物从嘴角漏出；处理食物时嘴唇关闭不完全等

注：在各个时期都会有重复的问题出现。

吞咽和进食、咀嚼、舌头的搅拌息息相关，只要任何一个细节出问题，就有可能出现吞咽障碍。如果怀疑宝宝有吞咽问题，可以咨询儿科医师，并转给语言治疗师做吞咽评估，确认宝宝的吞咽问题属于疾病因素、口腔感觉因素，还是只因为单纯的不习惯，又或是爸妈的喂食技巧有问题所致。若孩子只是刚接触辅食还不习惯，爸妈可以通过改变食物的质地、温度来改善吞咽问题。

功能❸：建立生活节律

辅食的功用是要让孩子养成和大人一样一日三餐的规律，顶多加早上10点和下午3点的点心。为了养成一日三餐的规律，爸妈要在固定时间给宝宝喂食辅食。

初期6个月阶段，宝宝主要还是喝奶，辅食一天一次。接近7个月大时，慢慢增加到一天两次。另外要提一个喂辅食的重点，就是"先喂辅食再喝奶"，因为喝奶喝饱后就不想吃辅食。喂辅食和喝奶时间不要错开太长，不然他的节奏会被打乱。一天一餐的辅食建议放在上午，主要是因为宝宝吃辅食有不适的话，发作时至少是白天，去医院比较方便。

到了7～9个月以后，宝宝要在婴儿餐椅上吃东西，可能容易出现吃东西不专心，开始玩食物，或是想爬出椅子。遇到上述情况有两个重点要注意。

❶ **不可强迫喂食** 先用循循善诱的方式引导宝宝继续吃，当你觉得他已经无心吃了，可以把食物收走，等到下一餐的时间到了再喂食。千万不要压着宝宝吃完，更不要跟他说"没吃完不准下来"，不要让

他觉得吃饭是件很痛苦的事，否则会出现恶性循环：看到餐椅就会觉得噩梦来了，越来越排斥吃东西。

❷ **建立吃饭仪式** 就像建立睡眠仪式一样，可以在固定的时间放上固定熟悉的餐椅，把玩具收起来，用简单的动作让宝宝知道接下来是吃饭的时间。要在此提醒各位爸妈，孩子专注的时间很短，容易不专心是正常现象，要有耐心。

功能❹：发展手眼协调能力与促进手部肌肉发育

宝宝7~8个月大时，手指慢慢具备抓取的能力，妈妈就可以帮他准备能够抓着吃的手指食物了，以利于手部精细动作的发展。当他尝试把食物拿起来塞进自己的嘴巴时，也会训练到手眼协调能力。不过一开始他可能会对不准，再加上手也无法做很精准的动作，这时候把食物弄得乱七八糟是没有关系的，爸妈只要等他全部吃完再一起收拾即可。

功能❺：为成人饮食做准备

从开始喂辅食到最后辅食完成阶段，也就是6个月到18个月，前后大约一年的时间。通常宝宝到最后完成期时，就可以和爸妈一样，进食一日三餐了。

宝宝1岁多时，可以稍微使用方便握的勺子，但学习握筷对辅食阶段年龄的孩子来说还太早，大约3岁再开始练习拿筷子就好，不要急着太早给他们用，以免揠苗助长。也有专家建议只要宝宝不排斥，要尽早让宝宝练习用筷子。

宝宝的勺子分大小，只要按照月龄选择适合的尺寸即可。在此要和各位爸妈分享一个我的个人经验，就是不用太早急着买餐具。像是我家老大，因为他是左撇子，所以我事先买好的可爱勺子全都派不上用场。

 ## 喂食原则：只能坐在餐椅吃

爸妈在喂食的过程中，千万不可以追着宝宝喂。如果宝宝吃饭时跑来跑去，就口头威胁，请他回到椅子坐好。6～18个月的宝宝基本上都会被"困"在餐椅中。如果宝宝吃饭过程中不断站起来，就不断把他拉下来。当宝宝肚子饿还想再吃时，你认为喂"饱"了他，但他还是会再吃一些。如果他真的吃饱了，即使拉下来再喂他，他也不会吃，这时候就把餐收起来。

大人如果常在边吃边跑的孩子后面追着喂，等他习惯这个模式之后，就更不会坐在桌子前吃饭了。另外，一边跑一边吞咽很容易呛到，非常危险！爸妈一定要秉持"吃饭就是要坐在椅子上"的原则，让宝宝养成良好的进食习惯。

 ## 运用摆盘与配色，让孩子享受食物

吃饭应该是一件很开心的事情，爸妈可以用一些小心思：除了注重食物本身的美味之外，摆得很漂亮也有利于促进小孩的食欲。摆盘的颜色建议一餐里要有红色、黄色和绿色，因为这三种颜色最容易勾起食欲，视觉上也不错，还能培养孩子美感。

宝宝1岁的时候，爸妈可以准备可爱的餐盘，在最大格的地方放饭、面条等碳水化合物食物，配菜的格子可以放蛋白质、膳食纤维、维生素等来源的菜。这么做可以让爸妈更清楚了解宝宝摄取的营养是否均衡，还能促进食欲（可参考本书第180页的蔬菜番茄炖牛腩）。

制作辅食要确保卫生

在制作辅食的过程中应该确保卫生，因为1岁以前的宝宝免疫系统没那么成熟。所以要避免所有生食以及没有完全煮熟的食物，包括生菜沙拉，就算一片一片洗干净，还是无法确定百分之百卫生，所以一定要避免给孩子。另外，处理食物的锅碗瓢盆也要确保干净，因为1岁以下的宝宝对于被污染器皿上的病原体抵抗能力不强。

关于辅食的调料

几岁开始可以添加调料呢？其实1岁以前可以完全不加任何调料，1岁左右可以开始加少量或简单的调料，添加的分量少于大人的2/3。过度调味对宝宝有以下几个影响。

1 **身体无法代谢** 做饭时最常加的盐，若是孩子和大人吃一样的量，宝宝的肾脏根本无法代谢那么多盐，更何况有些调料会添加味精，对宝宝也是一大负担。

2 **对味觉的影响** 孩子的味觉比大人灵敏许多，若从小习惯吃重口味，长大后较难接受口味清淡的食物。孩子在1~3岁时，是味蕾发育的高峰期，味觉会非常敏锐，而且害怕刺激性食物，像太辣的食物。因此若此时和大人吃一样的调料量，对他们来说太多了。

小朋友对食物本来的味道的喜好是本能，他们喜欢的是自然界中天然营养、没有腐坏、没有毒的食物，这些食物大部分是甜、咸、鲜味。他们不喜欢酸味和苦味，所以爸妈在调味时，可以依据他们的本能喜好进行调整。

口味较重跟肥胖是有关系的，因为许多高热量的食物都是重口味。整体来看，孩子良好的饮食习惯要从小培养，因此给孩子做辅食，调料的添加不宜多。若有时无法专门为小朋友做辅食，必须要和大人的饭一起做时，可以先把孩子要吃的量盛出来，再给大人要吃的部分加调料。若是买现成食物，可以先过水让味道变淡，再给孩子吃。另外，腌渍品最好不要给小朋友吃，因为腌渍品的调料过多，容易对孩子的身体造成不良影响。

注意，这些东西不可以给宝宝吃

辅食的添加原则之一是"不可以让宝宝吃生食"，例如生鱼片或是生菜沙拉都会有清洁不到位、存在寄生虫的问题。许多人常常忘记蜂蜜是生的，且蜂蜜里有肉毒杆菌，孩子吃了之后可能会引起中毒，非常危险。所以含蜂蜜的食物在1岁以前一定要严格禁止宝宝食用。

给宝宝吃这些食物要小心

有些食物的形状或质地给宝宝吃比较危险，例如麻薯、果冻……宝宝很容易没有咬就直接吞咽，造成异物卡喉的意外，所以要特别小心。另外，葡萄正好容易一口吞下，且吃起来柔软而光滑，宝宝很可能会直接吸进嘴里吞咽，导致气管被堵住。不过果冻或是葡萄其实也不是不能吃，只是记得要剁碎或切成小块才可以给宝宝吃。

Part 3

煮厨·史丹利不藏私：
宝宝辅食轻松做

保存诀窍篇

煮厨·史丹利（Stanley）｜**李建轩**

三个孩子的奶爸
煮厨来教你!

　　利用保存工具冷藏或冷冻辅食，一旦忙起来，随时都能用，非常方便。一般来说，辅食冷藏可以放1~2天，冷冻可以放3~5天。解冻时可以用隔水加热、微波炉加热等方法。

　　夹链袋是保存食物的好帮手，放在冰箱的冷冻室不占空间。空气中因为有许多细菌，为了避免食物接触到细菌而变质，密封夹链袋时一定要排出空气。一般家里不像餐厅有真空机，因此我在这特别提供给大家简易方便的"隔水压力法"，利用水的压力将空气排出，就能轻松保存食物了!

先将夹链袋的开口外翻撑开，一手拿着袋子，一手用勺子盛装食物。

> POINT
>
> 🍳 煮厨·史丹利小提醒
>
> 食物应放凉、冷却后再装入袋中，避免有水蒸气。

将食物装入袋中。

准备一个大碗或盆子，放入1/2的水，再将装好食物的夹链袋放入，利用水的压力挤压袋中的空气，最后密封夹链袋即完成。

建议放入冰箱前，先在袋子上标注食物名称、日期等信息。

使用夹链袋的注意事项

① 彻底密封

空气是冷冻的大敌，用夹链袋保存食物时，一定要确保排空空气。若密封夹链袋中有空气，食物容易因水分流失变得干涩。

② 每袋冷冻的分量有讲究

建议一袋装一餐的量即可，不但使用方便，还可以缩短冷冻与解冻的时间。

③ 不可重复使用

夹链袋只能使用一次，千万不要将使用过的夹链袋清洗后重复使用！

- -

 **玻璃罐**

通常玻璃罐有盖子，不论是装食物泥，还是装高汤、布丁等，都非常方便。使用玻璃罐前，要用滚烫的沸水给罐子消毒，以利于食物的保存，因为这样做可以杀灭细菌。

用滚烫的沸水为罐子消毒。

将罐子擦干，再倒入食物。

也可以把玻璃罐当成制作甜点的模型，自制果冻、布丁、奶酪时，盖起来就能放到冰箱冷却，非常方便。

放冰箱前，一定要确认将盖子盖紧了！

 **辅食分装盒**

有时候想要将宝宝的食物分装成一餐份，但保鲜盒又太大，该怎么办呢？建议各位爸妈用辅食分装盒将食物分装成小份放在冰箱，每次使用一盒，方便又卫生。

>>> step >>>

POINT

🍳 煮厨 · 史丹利小提醒

记得盛装食物的时候，不要装太满，避免盖上盖子时溢出来。

将辅食分装盒打开。

将食物放入盒中。

确保将盖子盖紧。

放入冰箱前，在盒子上记录食物名称、日期等信息。

 **制冰盒**

制冰盒是一格一格的，只要将食物填满格子做成冰砖即可。当需要时，随时取一块来用，非常方便。

 使用制冰盒的注意事项。

① 盛装食物前，必须将制冰盒洗净、擦干。

② 每次使用制冰盒后必须确认清洗干净。

>>>**step**>>>

将食物填入制冰盒中。

放入冰箱冷冻即可。

POINT

🍴煮厨·史丹利小提醒

食物的解冻方式

宝宝的食量小，将食材直接切分成每餐的食用量，分装保存时可以采取块状或压成薄片的方式冷冻，方便、快速、安全、卫生！解冻食物的方式有2种。

① 冷冻生食食物：可放置于冰箱冷藏解冻，或直接加热至熟。

② 冷冻熟食食物：直接加热解冻就可恢复美味，还能达到杀菌的效果。

选择有盖子的制冰盒，若家中的制冰盒刚好没盖子，也可用保鲜膜封起来。

基本料理技巧篇

煮厨·史丹利（Stanley）| 李建轩

三个孩子的
奶爸煮厨来教你!

 番茄去皮

>>> step >>>

将番茄划十字刀。

水烧开，将番茄入锅烫煮
约10秒后捞起。

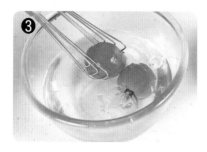

将烫过的番茄泡凉水降温。

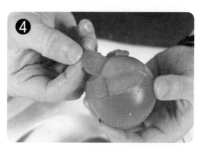

给番茄去皮。

给番茄去蒂。

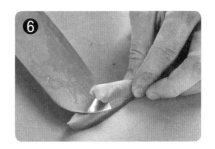

给番茄去子。

POINT

🍳 煮厨·史丹利小提醒

制作辅食时，给番茄去皮去子的目的是让它口感更佳，同时避免宝宝因为吃到番茄的皮卡住喉咙。

★番茄去皮去子用于本书制作的辅食：番茄泥（第90页）

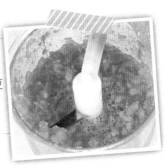

调配方奶

调配比例

配方奶1/2杯＝奶粉2大勺＋水60毫升（以40℃左右温水冲泡，或根据配方奶说明书进行调配）。

POINT

🍳 煮厨·史丹利小提醒

★ 配方奶用于本书料理：核桃香蕉泥（第117页）、南瓜西蓝花炖饭（第164页）。

食材处理方法篇

煮厨·史丹利（Stanley）| 李建轩

三个孩子的
奶爸煮厨来教你！

　　想要为宝宝准备美味的辅食，平常很少下厨的爸妈们会比较担心采买时怎么挑菜，菜买回家后如何清洗与处理……别担心，以下详细提供制作宝宝辅食时处理常用食材的技巧，让你轻松从新手变大厨！

 蔬菜类

圆白菜

挑选秘诀 较重且无烂叶。

清洗秘诀 一片叶一片叶取下来仔细清洗。

西蓝花

挑选秘诀 鲜绿，无变黄、变黑，花蕾紧密，不松散。

清洗秘诀 切小朵泡水约15分钟，再冲洗2~3次。

菜花

挑选秘诀 外观洁白，无变黑且花株间紧密。

清洗秘诀 切小朵泡水约15分钟，再冲洗2~3次。

菠菜

挑选秘诀 叶片厚实，茎没折。

清洗秘诀 用清水浸泡10分钟，多次漂洗至净。

白菜

挑选秘诀 菜叶翠绿，包裹紧密。

清洗秘诀 一片叶一片叶取下来仔细清洗。

胡萝卜

挑选秘诀 外观呈橘色，根须少，外表光滑。

清洗秘诀 将表面用搓洗的方法清洗干净。

白萝卜

挑选秘诀 表面光亮，没裂痕，紧实饱满。
清洗秘诀 将表面用搓洗的方法清洗干净。

山药

挑选秘诀 重，根须少，外观完整无腐烂。
清洗秘诀 外皮含碱，建议戴上手套削皮后
再冲洗。

南瓜

挑选秘诀 重，表皮坚硬且表面无黑点。
清洗秘诀 将表面用搓洗的方法清洗干净。

洋葱

挑选秘诀 外观完整且饱满坚硬，尖头紧
实，重者为佳。
清洗秘诀 去头尾及皮，表面略冲洗。

香菇

挑选秘诀 肥厚，蕈伞折痕分明。

清洗秘诀 用清水冲洗蕈伞泥土及脏污，
再用湿厨房纸巾擦拭。

玉米

挑选秘诀 表面无虫害，颗粒饱满。

清洗秘诀 浸泡后冲水清洗。

芦笋

挑选秘诀 笋尖鳞片紧密，表皮呈翠
绿色。

清洗秘诀 浸泡后冲水清洗。

 **水产类**

虾

挑选秘诀 未变黑，虾壳坚硬。

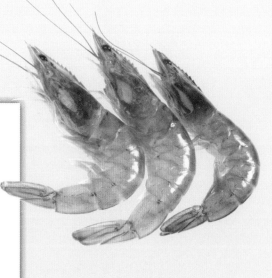

去虾线的方法

给虾开背，用刀取出虾线。

鲑鱼

挑选秘诀 颜色为橘红色，无异味，肉质有弹性。

蚬

挑选秘诀 敲碰时感觉声音坚硬扎实。

鲈鱼

挑选秘诀 鳃鲜红，鱼眼不混浊，表面无黏液，鱼鳞紧实。

银鱼

挑选秘诀 色泽呈现灰黄色。

鱼片

挑选秘诀 没完全解冻，且真空袋中没有水分及失去真空现象与破损，色泽呈红、白，注意保存期限。

 **肉类**

牛肉

挑选秘诀 深红色，肉质有弹性，无腥味。

鸡肉

挑选秘诀 肉呈黄白色，有弹性，没有黏液，也没有腥味。

猪肉

挑选秘诀 淡红色，肉质有弹性，没有腥味。

肉馅

挑选秘诀 肉质外观保有水分，色泽呈淡红色。

鸡胸肉

挑选秘诀 肉质光泽，有弹性。

鸡腿肉

挑选秘诀 鸡皮略带黄色，毛细孔大。

 **豆类**

黄豆

挑选秘诀 鲜艳有光泽，颗粒饱满没有缺损，气味正常，没有酸霉味。

豆腐

挑选秘诀 略带微黄色，触感细腻，没有黏液，闻起来有黄豆香。

Part 4

安心美味食谱，
让宝宝健康成长

基本主食类的做法

　　米饭是辅食的基本主食，只要以不同比例的大米和水一起煮，就能煮出适合小宝宝咀嚼的软硬度了。建议爸妈一次煮一大锅，然后分装冷冻，忙得不可开交时加热一下就能吃了。在接下来的食谱中，我会教大家如何用不同稠度的粥或饭变出各种口味的粥、炖饭。

		大米：水	月龄
10倍粥		1：10	6个月
7倍粥		1：7	7~8个月
5倍粥		1：5	9~12个月
软饭		1：2	13~18个月
米饭		1：1	19个月以上
蒜味奶油饭		同米饭	19个月以上

注：水量的多少仅供参考，做饭时可能因锅的厚度、火的大小自主变化。

医师·娘这样说

碳水化合物是热量的主要来源，大米又是我们最常吃，也容易获取的主食食材之一，烹调起来也相当方便。所以用米糊、粥类作为宝宝的第一口辅食最适合不过了！虽然现在大家追求健康，会追求富含膳食纤维、矿物质、维生素等的糙米、五谷杂粮，但对于刚添加辅食的宝宝来说，因为吞咽功能还不够成熟，大米粥这种无渣的食物比较合适。

101音粥 ★米跟水的比例为1：10

6个月

烹饪时间
20
分钟

使用物品：不锈钢锅。

材料：大米1/5杯（1杯≈50毫升）、水2杯。

做法：

❶ 大米洗净，加入2杯水。

❷ 小火煮20分钟即可完成。

基本主食类的做法

71音粥 ★米跟水的比例为1：7

7～8个月

烹饪时间
20
分钟

使用物品：不锈钢锅。

材料：大米1/5杯、水1.5杯。

做法：

❶ 大米洗净，加入1.5杯水。

❷ 以小火煮20分钟即可完成。

5倍粥 ★米跟水的比例为1：5

9～12个月

烹饪时间
20
分钟

使用物品：不锈钢锅。

材料：大米1/5杯、水1杯。

做法：

❶ 大米洗净，加入1杯水。

❷ 以小火煮20分钟即可完成。

软饭 ★米跟水的比例为1：2

13～18个月

烹饪时间
25
分钟

使用物品：不锈钢锅。

材料：大米1/5杯、水2/5杯。

做法：

❶ 大米洗净，加入2/5杯水。

❷ 煮至"冒烟"再转小火煮8分钟，然后焖15分钟即可完成。

米饭 ★米跟水的比例为1:1

13个月以上

使用物品：不锈钢锅。

材料：大米1/5杯、水1/5杯。

做法：

❶ 大米洗净，加入1/5杯水。

❷ 煮至"冒烟"再转小火煮8分钟，然后焖15分钟即可完成。

烹饪时间
25
分钟

基本主食类的做法

蒜味奶油饭

进阶

使用物品：不锈钢锅。

材料：大米1/5杯、水1/5杯、蒜碎砖1/6块、奶油1小勺（1小勺≈10毫升）。

事前准备：蒜碎砖（第82页）。

做法：

❶ 大米洗净，加入1/5杯水、蒜碎砖、奶油，搅匀。

❷ 煮至"冒烟"再转小火煮8分钟，然后焖15分钟即可完成。

烹饪时间
25
分钟

特别收录！

自制健康豆浆与米浆

　　自己打的豆浆与米浆新鲜又营养，而且做法非常简单，除了给宝宝喝，也能当全家人的早餐。需要注意，给宝宝的豆浆与米浆记得不要加糖。

自制无糖豆浆

烹饪时间 **25** 分钟

使用物品：
手持料理棒、高压锅（若无高压锅也可用一般蒸煮锅，但煮黄豆的时间较长）。

材料：
黄豆100克、开水1000毫升。

POINT

🍳 煮厨·史丹利小提醒

比起豆浆机慢磨，我建议用高压锅煮透黄豆，再用手持料理棒磨细，这样不但不必滤渣，更能保留较全的营养。如下图，用这种方式制出来的豆浆颜色偏黄。

>>> step >>>

1

2

1 ｜ 黄豆及开水放入高压锅煮至上压，再用小火煮20分钟。
2 ｜ 将煮熟黄豆及汤用手持料理棒打成豆浆即完成。

用5倍粥打米浆

使用物品：手持料理棒。
事前准备：
5倍粥（第72页）。
材料：5倍粥。

烹饪时间
1
分钟

1 | 将5倍粥用手持料理棒打成米浆。
2 | 完成啦！

POINT

🍳 煮厨·史丹利小提醒

5倍粥打的米浆天然又营养，全家老小都能喝，还能作为
辅食的食材，非常方便，我在书中也教了大家如何用米浆
做菜（请参考第132页蔬菜牛肉羹）。

基本高汤类的做法
蔬菜高汤

烹饪时间
20
分钟

使用物品：不锈钢锅、滤网。

材料：圆白菜1/4个、胡萝卜1/4根、洋葱1/4个、番茄1个、水1000毫升。

做法：

❶ 将所有食材切块。

❷ 在锅中加入切块的食材及1000毫升水，用小火煮20分钟。

❸ 最后过滤即完成。

医师·娘这样说

高汤，被日本人视为食物的灵魂之一。这里教的高汤，大家平常可以炖一大锅放凉后用夹链袋分装起来放入冰箱，除了作为辅食制作的材料以外，作为成人的食材也很实用。我自己就会存一堆高汤冰块，有时候下面加点青菜、鸡蛋，就是美味营养的汤面啦！

日式高汤

烹饪时间
75
分钟

使用物品：不锈钢锅、滤网。

材料：白萝卜1/4个、胡萝卜1/4根、干海带1片、鲣节30克、番茄1个、水1000毫升。

做法：

❶ 干海带泡水约1小时备用。

❷ 将白萝卜、胡萝卜切块，与整个番茄、海带水煮沸，关火。

❸ 再加入鲣节泡15分钟。

❹ 过滤即完成。

POINT

🍳 煮厨·史丹利小提醒

❶ 许多人在购买干海带时，常看到干海带表面有白色粉末，大家千万别误以为买到不新鲜发霉的干海带了。其实干海带表面的白色结晶是甘露醇析出而成，属自然现象。这些海带粉正是海带甘甜味的来源，煮汤时能增加鲜甜味。

❷ 干海带泡水前，可以将表面擦拭干净。

鱼高汤

烹饪时间
15
分钟

使用物品: 不锈钢锅、滤网。

材料: 鱼骨300克、洋葱1/4个、蒜3瓣、水1000毫升。

做法:

❶ 将洋葱切块,起锅入1小勺色拉油,略炒洋葱、蒜及鱼骨。

❷ 加1000毫升水小火(不必沸腾)煮约15分钟。

❸ 最后过滤即可完成。

POINT

🍳 **煮厨·史丹利小提醒**

熬煮鱼汤的时间不宜太长,久煮会使营养成分流失。此外,煮有骨头的高汤时,不必煮至沸腾,以避免高汤混浊。

鸡高汤

烹饪时间
20
分钟

使用物品：不锈钢锅、滤网。

材料：鸡骨架300克、洋葱1/4个、胡萝卜1/4根、蒜3瓣、水1000毫升。

做法：

❶ 将洋葱与胡萝卜切块。 ❷ 将所有材料入锅。

❸ 以小火煮20分钟。 ❹ 最后过滤即可完成。

POINT

🍲煮厨·史丹利小提醒

自制的鸡高汤不但营养，还可以增添食物的美味，而且材料和做法也很简单，只要煮一锅做成冰砖，日常做饭时加一块即可。真的太万能啦！想要煮出清澈好喝的鸡汤，有2个小秘诀。

❶ 煮有骨头的高汤时不必煮至沸腾，避免高汤混浊。

❷ 熬煮高汤时，随时捞出多余的油及杂质泡沫，可以让高汤更清澈。

鲜虾高汤

烹饪时间
5
分钟

使用物品：不锈钢锅、滤网。

材料：虾壳200克、洋葱1/4个、蒜2瓣、水1000毫升。

做法：

❶ 将洋葱切块。　❷ 起锅加油，将所有食材炒香。

❸ 加入水熬煮约5分钟。　❹ 过滤即完成。

POINT

🍳煮厨·史丹利小提醒

鲜虾高汤带有浓浓鲜味的秘诀就在于虾壳。在制作过程中，我们先将虾壳与蔬菜炒香，让油脂带出色泽与风味，再加水熬煮，这道高汤的颜色就会比较深。

自制万用蔬菜碎冰砖

将营养的洋葱、蒜及胡萝卜炒熟后，制成一块一块的冰砖冷冻，平常在制作辅食时加一块，不但可以增添辅食香味，也能让孩子吃到更多营养和尝到更丰富的味道，非常方便实用！

洋葱碎 ▶

使用物品： 不粘锅、手动搅碎机（若无手动搅碎机，也可以用刀切碎）。

材料： 洋葱2个、色拉油2大勺（1大勺≈15毫升）、水2大勺。

冰砖

直接入菜

烹饪时间
5
分钟

基本高汤类的做法

>>> step >>>

1	2	3

1 将洋葱用手动搅碎机切碎。
2 取不粘锅，将洋葱碎用油炒至透明褐色。
3 完成后，可直接用于制作食物或冷冻制成冰砖。

蒜碎

使用物品：不粘锅、手动搅碎机（若无手动搅碎机，也可以用刀切碎）。

材料：蒜200克、色拉油2大勺、水2大勺。

冰砖

直接入菜

烹饪时间
5
分钟

>>> step >>>

1 　　　　2 　　　　3

1 | 将蒜用手动搅碎机切碎。
2 | 取不粘锅，将蒜碎用油炒至软。
3 | 完成后，可加入食物或冷冻制成冰砖。

胡萝卜碎

使用物品：不粘锅、手动搅碎机（若无手动搅碎机，也可以用刀切碎）。

材料：胡萝卜1根、色拉油2大勺、水2大勺。

冰砖

直接入菜

烹饪时间
5
分钟

≫ step ≫

　1

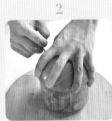　2

　3

1　将胡萝卜切大块。

2　用手动搅碎机切碎。

3　取不粘锅，将胡萝卜碎用油炒至软。完成后，可加入食物或冷冻制成冰砖。

宝宝6个月健康吃

大米糊

使用物品：不锈钢锅、手持料理棒。

材料：大米1/5杯、水2杯。

做法：

❶ 将大米洗净，加水煮至米软。

❷ 用手持料理棒打成米糊汤即完成。

烹饪时间
20
分钟

小米糊

使用物品：不锈钢锅、手持料理棒。

材料：小米1/5杯、水2杯。

做法：

❶ 将小米洗净，加入水煮至米软。

❷ 用手持料理棒打成米糊汤即完成。

烹饪时间
20
分钟

藜麦米糊

使用物品：不锈钢锅、手持料理棒。

材料：红藜麦1/2小匙、大米1/5杯、水2杯。

做法：

❶ 将大米及红藜麦洗净，加水煮至米软。

❷ 用手持料理棒打成泥糊即完成。

烹饪时间
20
分钟

黑米糊

使用物品：不锈钢锅、手持料理棒。

材料：黑米1/5杯、水2杯。

做法：

❶ 将黑米洗净、浸泡，加水煮至米软。

❷ 用手持料理棒打成泥糊即完成。

烹饪时间
25
分钟

糙米糊

使用物品：不锈钢锅、手持料
理棒。

材料：糙米1/5杯、水2杯。

做法：

❶ 将糙米洗净、浸泡，加水
煮至米软。

❷ 用手持料理棒打成泥糊即
完成。

烹饪时间
25
分钟

山药泥 ★当令季节：春秋冬

使用物品：电蒸锅、手持料
理棒。

材料：山药50克、开水2大勺。

做法：

❶ 将山药去皮，切片后蒸熟。

❷ 加入开水，用手持料理棒
打成泥即完成。

烹饪时间
5
分钟

菜花泥 ★当令季节：春冬

使用物品：不锈钢锅、手持料理棒。

事前准备：菜花泡水约20分钟。

材料：菜花50克、开水2大勺。

做法：

❶ 将菜花切小朵，用不锈钢锅蒸熟。

❷ 加入开水，用手持料理棒打成泥即完成。

烹饪时间
15
分钟

宝宝6个月健康吃

西蓝花泥 ★当令季节：春冬

使用物品：不锈钢锅、手持料理棒。

事前准备：西蓝花泡水约20分钟。

材料：西蓝花50克、开水2大勺。

做法：

❶ 将西蓝花切小朵，用不锈钢锅蒸熟。

❷ 加入开水，用手持料理棒打成泥即完成。

烹饪时间
15
分钟

南瓜泥 ★当令季节：春冬

使用物品：电蒸锅、手持料理棒。

材料：南瓜50克、开水2大勺。

做法：

❶ 将南瓜切片蒸熟。

❷ 加入开水，用手持料理棒打成泥即完成。

烹饪时间
20
分钟

土豆泥 ★当令季节：四季皆可

使用物品：电蒸锅、手持料理棒。

材料：土豆50克、开水2大勺。

做法：

❶ 将土豆洗净，去皮，切片蒸熟。

❷ 加入开水，用手持料理棒打成泥即完成。

烹饪时间
20
分钟

紫薯泥 ★当令季节：四季皆可

烹饪时间 **23** 分钟

使用物品：烤箱、手持料理棒、锡箔纸。

材料：紫薯50克、开水2大勺。

做法：

❶ 将紫薯用锡箔纸包好，放入烤箱小火烤约20分钟。

❷ 去紫地瓜皮，加入开水，用手持料理棒打成泥即完成。

玉米泥 ★当令季节：四季皆可

烹饪时间 **20** 分钟

使用物品：不锈钢锅、手持料理棒。

材料：玉米50克、开水2大勺。

做法：

❶ 将玉米用不锈钢锅蒸熟。

❷ 加入开水，用手持料理棒打成泥即完成。

香芋泥 ★当令季节: 四季皆可

使用物品: 不锈钢锅、手持料理棒。

材料: 芋头50克、开水2大勺。

做法:

❶ 将芋头去皮, 切块, 用不锈钢锅蒸熟。

❷ 加入开水, 用手持料理棒打成泥即完成。

烹饪时间
20
分钟

番茄泥 ★当令季节: 四季皆可

使用物品: 不锈钢锅、手持料理棒。

材料: 番茄1个。

做法:

❶ 将番茄蒸煮2分钟, 去皮。

❷ 用手持料理棒打成泥即完成。

烹饪时间
3
分钟

POINT

🍲煮厨·史丹利小提醒

在这道辅食中, 给番茄去皮的目的, 是为了让口感更佳, 同时避免宝宝吃到番茄皮而卡到喉咙 (番茄去皮的方法请见第58页)。

甜菜泥 ★当令季节：四季皆可

使用物品：不锈钢锅、手持料理棒。

材料：甜菜根50克、开水2大勺。

做法：

❶ 将甜菜根切小块，用不锈钢锅蒸熟。

❷ 加入开水，用手持料理棒打成泥即完成。

烹饪时间
15
分钟

豆腐泥 ★当令季节：四季皆可

使用物品：不锈钢锅、手持料理棒。

材料：豆腐50克、开水2大勺。

做法：

❶ 将豆腐用不锈钢锅蒸1分钟。

❷ 加入开水，用手持料理棒打成泥即完成。

烹饪时间
3
分钟

> POINT
>
> 🍳 煮厨·史丹利小提醒
>
> 豆腐比起鸡蛋豆腐更适合宝宝，因为鸡蛋豆腐有咸味，所以建议做辅食时选择豆腐。

菠菜泥 ★当令季节：冬

使用物品：不锈钢锅、手持料理棒。

材料：菠菜50克、开水2大勺。

做法：

❶ 将洗净的菠菜用不锈钢锅烫熟。

❷ 加开水，用手持料理棒打成泥即完成。

烹饪时间
3
分钟

圆白菜泥 ★当令季节：冬

使用物品：不锈钢锅、手持料理棒。

材料：圆白菜50克、开水2大勺。

做法：

❶ 将圆白菜用不锈钢锅烫熟。

❷ 加开水，用手持料理棒打成泥即完成。

烹饪时间
3
分钟

胡萝卜泥 ★当令季节：四季皆可

使用物品：电蒸锅、手持料理棒。

材料：胡萝卜50克、开水2大勺。

做法：

❶ 用电蒸锅将胡萝卜蒸熟。

❷ 加开水，用手持料理棒打成泥即完成。

烹饪时间 **15** 分钟

竹笋泥 ★当令季节：夏

使用物品：电蒸锅、手持料理棒。

事前准备：竹笋切片。

材料：竹笋50克、开水2大勺。

做法：

❶ 用电蒸锅将竹笋蒸熟。

❷ 将熟竹笋用手持料理棒打成泥即完成。

烹饪时间 **30** 分钟

白菜泥 ★当令季节：冬

使用物品：电蒸锅、手持料理棒。

材料：白菜50克。

做法：

用电蒸锅将白菜蒸熟后用手持料理棒打成泥即完成。

烹饪时间
15
分钟

蘑菇泥 ★当令季节：四季皆可

使用物品：不粘锅、手持料理棒。

材料：蘑菇50克、开水2大勺。

做法：

❶ 将蘑菇洗净切块，用不粘锅干炒至熟。

❷ 加开水，用手持料理棒将炒熟的蘑菇块打成泥即完成。

烹饪时间
10
分钟

落葵泥 ★当令季节：春夏秋

使用物品：不锈钢锅、手持料理棒。

材料：落葵50克、开水2大勺。

做法：

❶ 用不锈钢锅将落葵烫熟。

❷ 加开水，用手持料理棒打成泥即完成。

烹饪时间

3 分钟

牛油果泥 ★当令季节：夏秋

使用物品：手持料理棒。

材料：牛油果50克。

做法：

❶ 将牛油果去皮、去核。

❷ 用手持料理棒打成泥即完成。

烹饪时间

1 分钟

宝宝7~8个月健康吃

浓缩鸡汤 ▶

使用物品：高压锅（若无高压锅，也可使用一般电锅）、拍打鸡肉的肉锤或剁刀。

材料：土鸡1只（1.5千克左右）、蒜2瓣。

烹饪时间
60
分钟

>>> step >>>

| 1 | 2 | 3 | 4 |

鸡汤碎肉........... ....浓缩鸡汤

1　将全鸡洗净后用刀背或肉锤拍打。

2　将全鸡放入高压锅层架中，再放入蒜。

3　将1000毫升水放至高压锅（快锅）后，再放入步骤2的层架，盖锅，上压后转小火，煮约60分钟即可。

4　取出鸡汤碎肉即可。

> 注：浓缩鸡汤是中国台湾特有的一种鸡汤做法，在当地叫鸡精。为了和大陆的鸡精做区分，我们这里叫浓缩鸡汤。后面涉及的浓缩牛肉汤、浓缩鲈鱼汤也是这个道理。

POINT

🍳 煮厨·史丹利小提醒

好喝的浓缩鸡汤自己就能在家做，做法非常简单！拍打鸡肉可用肉锤或剁刀背来拍打，也可在买鸡肉时请摊主拍打。拍打的目的是为了萃取骨头中的精华。在此提醒各位爸妈，全鸡拍打后不要冲洗，以免养分流失。完成后的浓缩鸡汤与鸡汤碎肉可以分装，冷冻，平时做菜时加浓缩鸡汤或鸡汤碎肉超方便，还能带给全家人带来满满营养（浓缩鸡汤入菜请参考第110页鸡汤玉米萝卜粥）。

浓缩牛肉汤 ▶

使用物品：高压锅（若无高压锅，也可使用一般电锅，但所需时间较长）。

材料：牛瘦肉1千克。

烹饪时间
50
分钟

⫸⫸⫸ step ⫸⫸

1　　　　　　2　　　　　　3　　　　　　4

牛肉汤碎肉⋯⋯⋯　　浓缩牛肉汤⋯⋯⋯

1 │ 将牛瘦肉洗净切块。

2 │ 放入高压锅层架中。

3 │ 将1000毫升水放至高压锅（快锅）后，再放入层架盖锅，上压后转小火约50分钟。

4 │ 取出牛肉汤碎肉块即可。

POINT

🍲 煮厨·史丹利小提醒

这道浓缩牛肉汤能给能给宝宝补充必要的营养，而且只要煮一大锅，全家大小都能享用。完成后的浓缩牛肉汤与牛肉汤碎肉可以用来煮粥、蒸蛋，我在后面章节的辅食中会教大家如何运用浓缩牛肉汤做辅食（浓缩牛肉汤入菜请参考第112页牛肉汤番茄泥粥，第128页甜菜牛肉粥，第132页蔬菜牛肉羹，第148页牛肉芙蓉蛋，第150页牛肉土豆球）。

浓缩鲈鱼汤 ▶

使用物品：高压锅（若无高压锅，也可使用一般电锅，但所需时间较长）。

材料：鲈鱼1条、姜片2片、蒜1瓣。

烹饪时间
40
分钟

>>> step >>>

鲈鱼汤碎肉·········   ·······浓缩鲈鱼汤

1 | 将鲈鱼洗净切块。

2 | 接着放入高压锅层架中，再放入姜片及蒜。

3 | 将1000毫升水放至高压锅（快锅）后，再放入步骤2的层架盖锅，上压后转小火煮约40分钟即可。

4 | 取出鲈鱼汤碎肉即可。

POINT

🍲 煮厨·史丹利小提醒

我们的所有汤皆不需另外加盐，而是利用食材本身的原味。这道辅食完成后的浓缩鲈鱼汤与鲈鱼汤碎肉在做菜时加入，可以为菜添加天然的鲜味，我在后面的辅食中会教大家如何运用（浓缩鲈鱼汤入菜请参考第111页鱼汤西蓝菜泥粥）。

蚬汤 ▶

使用物品：高压锅（若无高压锅，也可使用一般电锅，但所需时间较长）。

材料：蚬1千克、姜片2片、蒜1瓣。

烹饪时间 **100** 分钟

>>>step>>>

熟蚬　　　蚬汤

1　　　　2　　　　3　　　　4

1 | 取宽口容器，将蚬加入清水浸泡约1小时吐尽沙（水高度须盖过蚬）。

2 | 接着将蚬放入高压锅层架中，再放入姜片及蒜。

3 | 将1000毫升水放至高压锅（快锅）后，再放入步骤2的层架盖锅，上压后转小火煮约40分钟即可。

4 | 取出熟蚬即可。

--- POINT ---

🐟 煮厨·史丹利小提醒

蚬和蛤蜊的吐沙方式不同，蛤蜊吐沙时须在水中加盐，蚬吐沙则不能加盐（蚬汤入菜请参考第113页蚬汤竹笋粥）。

洋葱汤

使用物品：高压锅（若无高压锅，也可使用一般电锅，但所需时间较长）。

材料：洋葱2个。

烹饪时间
30
分钟

>>> step >>>

熟洋葱丝 — — 洋葱汤

1 │ 将洋葱切丝。

2 │ 将洋葱丝放入高压锅层架中。

3 │ 将1000毫升水放至高压锅（快锅）后再放入步骤2层架盖锅，上压后转小火煮约30分钟即可。

4 │ 取出熟洋葱丝即可。

POINT

🍳 煮厨·史丹利小提醒

这道洋葱汤喝起来带有天然的洋葱甜味，完全不必加任何调料！上层的洋葱丝熟后会变得非常软烂（洋葱汤入菜请参考第114页洋葱汤白菜粥）。

鸡肉泥

使用物品：不锈钢锅、手持料理棒。
事前准备：鸡高汤（第79页）。
材料：生鸡柳条2条、鸡高汤5大勺。

烹饪时间
5
分钟

≫≫ step ≫≫

1　去除生鸡柳条的筋膜。

2　将生鸡柳条入不锈钢锅煎至熟透即可熄火。

3　加入鸡高汤。

4　用手持料理棒打成泥即可完成。

POINT

🍲 煮厨·史丹利小提醒

上述的做法是"将生鸡柳条表面煎过"再加高汤打成泥，表面稍微煎过的鸡柳条吃起来更香。爸妈也可以改成"把生鸡柳条直接打成泥"，再加入高汤蒸熟的方式，这样更健康（鸡肉泥入菜请参考第107页鸡蓉海苔豆腐粥，第134页鸡蓉玉米羹，第140页鸡肉南瓜面线）。

青豆泥

使用物品：
不粘锅、手持料理棒、滤网。

事前准备：
鸡高汤（第79页）、洋葱碎砖（第81页）、蒜碎砖（第82页）。

材料：
青豆100克、
洋葱碎砖1/4块、
蒜碎砖1/6块、
鸡高汤4勺。

烹饪时间
5
分钟

>>> step >>>

1	2	3	4

5

1 将青豆用开水烫煮约10秒钟，捞起。

2 泡入冰水冰镇，然后沥干备用。

3 起锅，入洋葱碎砖及蒜碎砖。

4 加入鸡高汤煮沸。

5 将冰镇沥干的青豆及鸡高汤用手持料理棒打成泥状即完成。

---POINT---

🍲 煮厨·史丹利小提醒

将烫过的青豆捞起泡入冰水，有保色作用，制作出来的青豆泥更漂亮。

香菇粉

使用物品：
不粘锅、手持料理棒。
材料：
干香菇8朵、
干海带芽1大勺。

烹饪时间
5
分钟

>>> step >>>

1   将干香菇及干海带芽放入不粘锅干煸，直至略为带香气，酥脆后待凉备用。

2   将所有材料放入手持料理棒容器。

3   用手持料理棒磨成粉状即完成。

POINT

🍲 煮厨·史丹利小提醒

我坚决不让孩子吃化学调料，所以常常自己制作香菇粉。将干香菇的鲜味细磨成粉，取代味精，不论炒菜、煮汤、煮粥都很实用。现在你也可以轻松做出天然安心的调味粉啦！

银鱼泥 ▶

使用物品： 不粘锅、手持料理棒。
事前准备： 鱼高汤（第78页）、蒜碎砖（第82页）。
材料： 银鱼40克、鱼高汤1大勺、姜片1片、蒜碎砖1/8块。

烹饪时间
5
分钟

⋙step⋙

1	2	3	4

1 ｜ 烧开水，加入姜片及银鱼焯烫备用。

2 ｜ 另起锅煸香银鱼，再加入油及蒜碎砖拌炒后捞起。

3 ｜ 加入鱼高汤及银鱼。

4 ｜ 用手持料理棒打成泥即完成。

--- POINT ---

🍳 **煮厨·史丹利小提醒**

银鱼用水冲洗可去除咸味，焯烫可杀菌。
（银鱼泥入菜请参考第108页小鱼坚果菠菜粥）。

鲑鱼泥

使用物品：不锈钢锅、手持料理棒。

事前准备：鱼高汤（第78页）、蒜碎砖（第82页）。

材料：鲑鱼80克、鱼高汤3大勺、蒜碎砖1/8块。

烹饪时间
5
分钟

≫≫ step ≫≫

1 　2 　3

4

1 热锅后将鲑鱼入锅。

2 煎至表面上色，香味飘出。

3 加入蒜碎砖及鱼高汤煮熟。

4 用手持料理棒打成泥即完成。

POINT

🍲 煮厨·史丹利小提醒

鲑鱼打成碎泥适合煮粥，建议一次多做一些，分装冷冻（鲑鱼泥入菜请参考第109页鲑鱼豆浆山药粥）。

圆白菜银鱼粥

使用物品：
不锈钢锅、手持料理棒。
事前准备：
7倍粥（第71页）、
洋葱碎砖（第81页）、
胡萝卜碎砖（第83页）。
材料：
洋葱碎砖1/3块、
胡萝卜碎砖1块、
圆白菜30克、
银鱼1大勺、
7倍粥1/2杯。

烹饪时间
5
分钟

>>> step >>>

1 锅中加入所有蔬菜碎冰砖。
2 圆白菜切丝，加入圆白菜丝。
3 再加入冲洗过的银鱼一起炒香。
4 接着加入7倍粥略煮。
5 最后用手持料理棒打成泥即完成。

鸡蓉海苔豆腐粥

使用物品：
不锈钢锅、手持料理棒。
事前准备：
7倍粥（第71页）、
豆腐泥（第91页）、
鸡肉泥（第101页）。
材料：
鸡肉泥2大勺、
海苔1/2张、
豆腐泥3大勺、
7倍粥1/2杯。

烹饪时间
5
分钟

>>> step >>>

1

2

3

1 锅中加入豆腐泥、鸡肉泥与海苔。

2 接着倒入7倍粥煮熟。

3 用手持料理棒打成泥即完成。

小鱼坚果菠菜粥

使用物品：
不锈钢锅、手持料理棒。
事前准备：
7倍粥（第71页）、
洋葱碎砖（第81页）、
菠菜泥（第92页）、
银鱼泥（第104页）。
材料：
银鱼泥30克、
核桃20克、
菠菜泥1大勺、
洋葱碎砖1/6块、
7倍粥1/2杯。

烹饪时间
5
分钟

>>> step >>>

1 将核桃用手持料理棒打成粉状备用。
2 取不锈钢锅，加入除核桃以外的所有食材。
3 加水搅拌，煮熟即可。
4 最后撒上核桃粉即可。

医师·娘这样说
有一点年纪的人都会知道动画片《大力水手》，里面主角一定会吃的就是菠菜罐头。因为菠菜除了蔬菜类富含的维生素C、矿物质和膳食纤维以外，最有名的就是铁了。铁是制造血液最重要的原料之一，尤其是从母乳、配方奶转固态食物的过程当中，缺铁很常见，怕孩子缺铁，可以选择菠菜，但补铁更有效的食材是红肉、动物肝脏和动物血。

鲑鱼豆浆山药粥

使用物品：
不锈钢锅、手持料理棒。

事前准备：
无糖豆浆（第74页）、
洋葱碎砖（第81页）、
鲑鱼泥（第105页）。

材料：
鲑鱼泥2大勺、
大米2大勺、
无糖豆浆1.5杯、
洋葱碎砖1/3块、
山药30克。

烹饪时间
20
分钟

>>> step >>>

1

2

3

4

1 起不锈钢锅，加入洗净的
大米及无糖豆浆。

2 再加入山药一起煮。

3 煮至米软后用手持料理棒
打成泥。

4 再加入鲑鱼泥及洋葱碎砖
略煮即完成。

- POINT -

🍳 煮厨·史丹利小提醒

这道辅食完全不加一滴水，
而是以无糖豆浆来熬煮，我
在本书第74页教了大家如何
自制豆浆。

鸡汤玉米萝卜粥

烹饪时间
20
分钟

使用物品：
不锈钢锅。
事前准备：
洋葱碎砖（第81页）、
胡萝卜碎砖（第83页）、
玉米泥（第89页）、
浓缩鸡汤（第96页）。
材料：
胡萝卜碎砖1块、
大米2大勺、
浓缩鸡汤1杯、
玉米泥2大勺、
洋葱碎砖1/3块。

≫≫step≫≫

1	2		3

1 │ 起锅加入胡萝卜碎砖与洋葱碎砖。

2 │ 接着加入浓缩鸡汤与洗净的大米。

3 │ 最后加入玉米泥，将所有材料炖熟即完成。

POINT

🍳 煮厨·史丹利小提醒

这道辅食不以水煮粥或加高汤块，而是用前面教大家的浓缩鸡汤（第96页）来煮大米。

鱼汤西蓝花泥粥

宝宝7～8个月健康吃

使用物品:
不锈钢锅。

事前准备:
西蓝花泥(第87页)、
浓缩鲈鱼汤和鲈鱼汤碎肉
(第98页)。

材料:
西蓝花菜泥2大勺、
大米2大勺、
浓缩鲈鱼汤1杯、
鲈鱼汤碎肉(炼浓缩鲈鱼
汤的鱼肉)2大勺。

烹饪时间
20
分钟

>>>step >>>

1		2	3

1 | 起锅,加入大米与西蓝花泥。
2 | 倒入浓缩鲈鱼汤。
3 | 最后加入鲈鱼汤碎肉炖熟即完成。

POINT

🍲 煮厨·史丹利小提醒

这道辅食不以水煮粥或加高汤块,而是用前面教大家的浓
缩鲈鱼汤(第98页)来煮大米,营养更丰富。

牛肉汤番茄泥粥

使用物品：
不锈钢锅。
事前准备：
番茄泥（第90页）、
浓缩牛肉汤和牛肉汤碎肉
（第97页）。
材料：
番茄泥2大勺、
大米2大勺、
浓缩牛肉汤1杯、
牛肉汤碎肉2大勺。

烹饪时间
20
分钟

1		2	3

1 | 起锅，加入牛肉汤碎肉及大米。
2 | 加入番茄泥。
3 | 倒入浓缩牛肉汤炖熟即完成。

POINT

🍲 煮厨·史丹利小提醒

这道辅食不用水煮粥或加高汤块，而是用前面教大家的浓
缩牛肉汤（第97页）来煮大米，尝起来味道更鲜美。

蚬汤竹笋粥

使用物品：
不锈钢锅。
事前准备：
竹笋泥（第93页）、
蚬汤（第99页）。
材料：
竹笋泥2大勺、
大米2大勺、
蚬汤1杯。

烹饪时间
20
分钟

>>> step >>>

1　2　3

1 | 起锅，加入洗净大米。
2 | 倒入蚬汤。
3 | 加入竹笋泥炖熟即完成。

医师·娘这样说

竹笋属于高膳食纤维食物，对7～8个月的孩子来说，即使切成小丁还是无法顺利吞咽。所以一定要用史丹利老师教的"竹笋泥"才行，不能直接加竹笋。

洋葱汤白菜粥

使用物品：
不锈钢锅。
事前准备：
白菜泥（第94页）、
洋葱汤（第100页）。
材料：
白菜泥2大勺、
大米2大勺、
洋葱汤1杯。

烹饪时间
20
分钟

>>> step >>>

1 | 起锅，加入洗净的大米。
2 | 倒入洋葱汤。
3 | 加入白菜泥炖熟即完成。

POINT

🍲 煮厨·史丹利小提醒

这道辅食不用水煮粥或加高汤块，而是用前面教大家的洋葱
汤（第100页）来煮大米，尝起来带有洋葱的天然甜味。

蒜味鲑鱼西蓝花泥

使用物品：
不锈钢锅、手持料理棒。
事前准备：
鱼高汤（第78页）、
蒜碎砖（第82页）、
西蓝花泥（第87页）。
材料：
鲑鱼50克、
西蓝花泥30克、
蒜碎砖1/8块、
鱼高汤3大勺。

烹饪时间
5
分钟

>>> step >>>

1

2

3

1 加热不锈钢锅，将鲑鱼入锅中煎至表面上色、香味飘出。

2 将煎熟的鲑鱼用手持料理棒打碎。

3 再加入西蓝花泥、蒜碎砖与鱼高汤煮熟即完成。

苹果汤 ▶

使用物品：高压锅（若无高压锅，也可使用一般电锅，但所需时间较长）。

材料：苹果4个。

>>> step >>>

熟苹果块

苹果汤

1 | 苹果洗净后切块，放入高压锅层架中备用。

2 | 将1000毫升水放至高压锅（快锅）后再放入步骤1的层架，盖锅盖。

3 | 上压后转小火煮30分钟即完成。

医师·娘这样说

第一次看到史丹利老师这道食谱，我心想："啊？这不就是热苹果汁吗？"不过一般的苹果汁如果把果渣滤掉，重要的膳食纤维都会丢失，而苹果加热以后会释出水溶性膳食纤维（果胶）。这一道辅食可以作为两餐之间的点心食用。另外，剩余的熟苹果不要丢掉，可以加一点柠檬汁跟糖，熬成果酱。

核桃香蕉泥

使用物品：
手持料理棒。
材料：
核桃20克、
香蕉50克、
配方奶1/2杯。

烹饪时间
5
分钟

>>> step >>>

1  2

3

1 | 将核桃用手持料理棒打成粉状备用。
2 | 将香蕉、配方奶及适量白开水用
手持料理棒打成泥状，盛出。
3 | 撒上核桃碎粉即完成。

杏干麦片粥

使用物品：手持料理棒。
材料：
全谷麦片50克、
杏干15克、
配方奶1/2杯。

烹饪时间
5
分钟

--- POINT ---

🍳 煮厨·史丹利小提醒

杏干也可用新鲜的杏，
但因受季节限制，推荐
用杏干，比较方便，做
出的风味也很不错。

>>> **step** >>>

1

2

3

1 | 杏干加入50毫升白开水，用手持料
理棒打成泥备用。

2 | 将全谷麦片放到碗中，加入配方奶
后，用勺子搅拌，泡成全谷粥。

3 | 淋上杏干泥即完成。

南瓜豆浆冻

烹饪时间
30
分钟

使用物品：
不粘锅、造型模型、
保鲜膜。
事前准备：
无糖豆浆（第74页）、
南瓜泥（第88页）。
材料：
南瓜泥2大勺、
无糖豆浆1/2杯、
吉利丁片1片（或1/2勺
琼脂）。

宝宝7~8个月健康吃

Tip:
铺保鲜膜是为了
方便脱模。

≫≫ step ≫≫

1	2	3	4

5	6

1 将泡软的吉利丁挤干水分备用。

2 将无糖豆浆、南瓜泥及吉利丁片加入锅中。

3 加热搅拌至化开，放凉。

4 将上述放凉的食材，倒入铺有保鲜膜的模型或容器中。

5 放进冰箱30分钟以上，冷藏至定型即可脱模。

6 最后压模即完成。

黑糖银耳

烹饪时间
30
分钟

使用物品：
高压锅（若无高压锅，也可使用一般电锅，但所需时间较长）、手动搅碎机、食物剪刀。

材料：
银耳30克、黑糖2大勺。

── POINT ──

🍲煮厨·史丹利小提醒

这道黑糖银耳是我们家6岁和8岁的女儿最爱的点心，我通常夏天会煮一大锅冷藏起来。家中还在吃辅食的小儿子吃的是依上述配方制作的，老婆和女儿吃的，我会再另外加糖。其实从健康的角度出发，不能给1岁以下的孩子吃糖。

Tip:
银耳以流动活水冲洗是为了去除硫黄味。

>>> step >>>

1

2

3

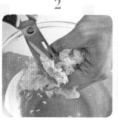

4

5

1　将银耳洗净泡发后，用流动活水冲约5分钟，备用。

2　将泡发银耳用剪刀去除底部蒂头。

3　再以手动搅碎机切碎。

4　加入打碎银耳与10倍水入高压锅（快锅）上压后转小火煮25分钟。

5　开锅后加入黑糖拌匀即完成。

坚果芝麻糊

使用物品：
不粘锅、手持料理棒。
材料：
坚果10克、
黑芝麻2大勺。

烹饪时间
6
分钟

1 | 将坚果及黑芝麻用不粘锅炒香后，待冷却备用。
2 | 将炒香的坚果及黑芝麻用手持料理棒打成粉状。
3 | 最后加入开水拌匀即完成。

磨牙彩蔬米棒

手指食物

烹饪时间
10
分钟

使用物品：
手持料理棒、不粘锅、
挤花袋。

事前准备：
南瓜20克、胡萝卜20克、菠
菜20克分别加入适量开水
（约各30毫升），用手持料
理棒打成汁。

材料：
米饭150克、
南瓜汁20克、
胡萝卜汁20克、
菠菜汁20克。

>>> step >>>

| 1 | 2 | 3 | 4 |

1　将米饭分成3等份，分别加入南瓜汁、胡萝卜汁和菠菜汁（图片以胡萝卜汁为例）。

2　用手持料理棒打成泥状备用。

3　将蔬菜米团泥放入挤花袋，挤到锅中。

4　以小火烤至两面上色、膨胀，即完成。

紫薯磨牙棒

手指食物

烹饪时间
20
分钟

使用物品：
烤箱、保鲜膜、擀面杖。
事前准备：
紫薯泥（第89页）。
材料：
紫薯泥100克、
奶油1大勺、
低筋面粉1/2杯、
玉米粉1大勺、
鸡蛋1个。

step

1

2

3

4

1 将所有材料加入碗中，用手搓揉成面团。

2 用保鲜膜覆盖后擀成0.5厘米厚。

3 切成长10厘米的条状。

4 将烤箱预热，170℃烤约15分钟即完成。

蔬菜米饼

手指食物

使用物品：烤箱、擀面杖、保鲜膜、造型模型。
事前准备：菠菜泥（第92页）。
材料：米粉1/2杯、菠菜泥2大勺。

烹饪时间
15
分钟

>>> step >>>

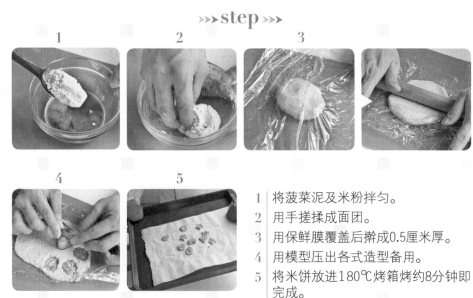

1 | 将菠菜泥及米粉拌匀。
2 | 用手搓揉成面团。
3 | 用保鲜膜覆盖后擀成0.5厘米厚。
4 | 用模型压出各式造型备用。
5 | 将米饼放进180℃烤箱烤约8分钟即完成。

苹果米饼

使用物品：保鲜膜、擀面杖、造型模型、烤箱。

事前准备：熟苹果块（从第116页的苹果汤中萃取）打成苹果泥。

材料：米粉1/2杯、苹果泥4大勺。

手指食物

烹饪时间
15
分钟

宝宝7~8个月健康吃

>>> step >>>

1	2	3	4

5

1 将苹果泥及米粉拌匀。

2 用手搓揉成米团备用。

3 在面团下面铺保鲜膜，用擀面杖擀成约0.5厘米的厚片。

4 用模型压出各式造型。

5 将米饼放进180℃烤箱烤6~8分钟即完成。

Tip:
面团下方铺保鲜膜可防粘。

宝宝9~12个月健康吃
蛋黄南瓜泥粥

> 使用物品：不锈钢锅。

> 事前准备：5倍粥（第72页）。

> 材料：5倍粥1杯、鸡蛋黄1个、南瓜1片、
> 海苔3克。

烹饪时间
5
分钟

1   2   3   4

1 | 将南瓜切成三角形，蒸熟备用。

2 | 将5倍粥与鸡蛋黄加入锅中。

3 | 拌匀煮熟备用。

4 | 将蛋黄泥粥摆成圆形，蒸熟的三角南瓜装饰成帽子，海苔当成眼睛和嘴巴，摆好造型即可。

POINT

🍳 煮厨·史丹利小提醒

南瓜蒸熟后会变得比较软，蒸好三角形南瓜片装饰造型后，建议用大铲子取能比较完整。

宝宝9～12个月健康吃

医师·娘这样说

南瓜有丰富的维生素和矿物质。其果肉呈现的黄色，是因为含较高的胡萝卜素。胡萝卜素被认为是保护眼睛最有用的营养素之一，因为它会在人体内转化为维生素A，缺乏维生素A是夜盲症的致病原因之一，但由于胡萝卜素属于脂溶性维生素，所以做饭的时候要搭配油脂。

增进食欲，除了味觉、嗅觉刺激以外，视觉也占了重要的因素。尤其随着宝宝长大，好奇心越来越强，造型可爱、颜色鲜艳的食物就容易引起他们的注意。这道"蛋黄南瓜泥粥"做法简易，但是如果我来做的话就会全部搅在一起，完全不成样子。后果就是，小孩嫌弃，妈妈抓狂，爸爸遭殃！我相信这是史丹利老师用生命完成的一道食谱。聪明的妈妈们，可以拿出手边的各种模具切小花、星星、爱心等图案来装饰孩子的辅食！

甜菜牛肉粥

3
分钟

使用物品：不锈钢锅。

事前准备：5倍粥（第72页）、洋葱碎砖（第81页）、甜菜泥（第91页）、牛肉汤碎肉（第97页）。

材料：5倍粥1杯、甜菜泥2大勺、牛肉汤碎肉2大勺、洋葱碎砖1/3块。

将所有材料入锅，
煮熟即完成。

POINT

🍳 煮厨·史丹利小提醒

甜菜略有土味，建议适当加点即可。

 医师·娘这样说

甜菜根因为富含铁、膳食纤维，近年来非常流行。喜爱甜点的妈妈一定知道
"红丝绒蛋糕"的颜色就是来自于甜菜的颜色。虽然它是甜菜的地下主根，
但因为糖类比重不高，分类上还是属于蔬菜类，跟白萝卜一样，所以不必担
心给孩子吃甜菜泥影响其口味。甜菜本身富含的铁是制造血红素不可或缺的
材料，不过因为获取甜菜根较不易，铁也可从其他食材获得，例如牛肉、猪
肝等。不必特别迷信甜菜的营养价值。倒是甜菜本身特殊的颜色适合作为辅
食配色使用。

蛋黄蔬菜豆腐羹

烹饪时间
5
分钟

使用物品：不锈钢锅、手持料理棒。

事前准备：鸡高汤（第79页）、胡萝卜碎砖（第83页）。

材料：番茄1/8个、泡发木耳1小朵、豆腐30克、胡萝卜碎砖1/2块、菠菜（可用任何绿色蔬菜叶取代）5克、鸡蛋黄1个、鸡高汤1/2杯。

宝宝9～12个月健康吃

1 | 菠菜叶撕小块。

2 | 豆腐切小丁。

3 | 番茄去皮去子，切碎丁备用。

4 | 将泡发木耳加入2大勺开水，用手持料理棒打成泥状，做成木耳泥备用。

5 | 将所有蔬菜碎与豆腐丁加入鸡高汤煮至沸腾。

6 | 倒入木耳泥勾芡。

7 | 打散鸡蛋黄淋上，形成蛋花即完成。

─ POINT ─

🍳 煮厨·史丹利小提醒

这道辅食我完全不加淀粉勾芡，而是用木耳泥勾芡，不论大人、小孩都吃得健康营养。

131

蔬菜牛肉羹

烹饪时间
5
分钟

使用物品：不锈钢锅。

事前准备：米浆（第75页）、菠菜泥（第92页）、浓缩牛肉汤和牛肉汤碎肉（第97页）。

材料：牛肉汤碎肉2大勺、菠菜泥1大勺、浓缩牛肉汤1/2杯、米浆3大勺。

1 | 将牛肉汤碎肉及菠菜泥入锅。

2 | 加入浓缩牛肉汤一起炖。

3 | 炖熟后加入米浆勾芡即完成。

POINT

🍳 煮厨·史丹利小提醒

这道辅食我完全不用淀粉勾芡，而是用自制的米浆做勾芡，营养又天然。另外，我用前面教大家的浓缩牛肉汤作为汤底煮粥，味道和营养都会加分。食材中的菠菜泥可用任何绿色菜叶取代，但要注意绿色菜叶不宜久煮，容易变黄。

医师·娘这样说

从前面几道菜看下来，大家应该可以发现一个原则："蛋白质来源（肉）＋膳食纤维、矿物质、维生素来源（菜）＋碳水化合物来源（粥）"。之前史丹利老师教过大家各种食材泥的制作，把这些冰砖储存在冰箱里，再掌握这样的原则，天天都可以为宝宝端出新菜啦！

鸡蓉玉米羹

烹饪时间
5
分钟

使用物品：不锈钢锅、手持料理棒、手动搅碎机（若无手动搅碎机，也可用刀切碎）。

事前准备：鸡高汤（第79页）、洋葱碎砖（第81页）、鸡肉泥（第101页）。

材料：生鸡肉泥1大勺、新鲜玉米1根、西蓝花1小朵、洋葱碎砖1/3块、鸡高汤1/2杯。

1　将西蓝花烫熟，用手动搅碎机切碎。

2　将生玉米切下玉米粒，需要3大勺的量。

3　将生玉米粒与适量的鸡高汤用手持料理棒打成泥备用。

4　将鸡肉泥、鸡高汤、洋葱碎砖及西蓝花碎入锅。

5　拌入玉米泥煮熟即完成。

宝宝9～12个月健康吃

POINT

🍴煮厨·史丹利小提醒

这道辅食我完全不加淀粉勾芡，而是用玉米泥勾芡，营养会加分哟。

蛋黄泥拌面线

使用物品：不粘锅、电蒸锅、手动搅碎机（若无手动搅碎机，也可用刀切碎）、塑料袋。

事前准备：南瓜泥（第88页）。

材料：鸡蛋黄1个、南瓜泥2大勺、面线50克（也可以换成软面条）、西蓝花2小朵、香油1勺。

>>>step>>>

1. 将西蓝花烫熟后用手动搅碎机切碎。
2. 将鸡蛋黄入锅蒸熟。
3. 鸡蛋黄蒸熟后拌入香油及南瓜泥，用勺子搅拌成泥酱。
4. 将南瓜蛋黄泥酱用塑料袋装起来备用。
5. 冲洗过的面线入锅烫至熟透，备用。
6. 将熟面线围圈盛入盘中，挤上蛋黄酱、装饰西蓝花碎即完成。

---POINT---

🍳 煮厨·史丹利小提醒

这道以圣诞花环为构想设计的蛋黄泥拌面线，不论视觉上还是味觉上，都能一次满足孩子的需求。记得面线要先冲洗，以去除咸味及多余面粉。

银鱼菠菜面线

烹饪时间
5
分钟

使用物品：不粘锅、手动搅碎机（若无手动搅碎机，也可用刀切碎）。

▶ 事前准备：鱼高汤（第78页）、洋葱碎砖（第81页）。

材料：银鱼20克、菠菜30克（也可用其他绿色蔬菜叶）、面线30克（也可以用软面条）、洋葱碎砖1/3块、鱼高汤1/4杯。

1 | 菠菜用手动搅碎机切碎。
2 | 将银鱼冲洗后烫熟。
3 | 将面线冲洗后煮熟。
4 | 将银鱼入锅煸炒香后，加入洋葱碎砖及菠菜碎炒香。
5 | 面线铺底后，依序放上炒香的菠菜泥、银鱼，再加入鱼高汤即完成。

─ POINT ─

🍳 煮厨·史丹利小提醒

❶ 冲洗银鱼可去除咸味，焯烫可杀菌。
❷ 面线需要先冲洗，以去除咸味及多余面粉。

 医师·娘这样说

鱼类是优质蛋白质的重要来源，还含婴幼儿成长发育需要的EPA及DHA，银鱼可以整条吞食，又有丰富的钙。如果对于选择银鱼有环保上的疑虑，选择其他沙丁鱼等可以整尾吞食的鱼，也有补钙的作用。不过做辅食时要注意鱼刺的处理，去鱼刺的方法可将大尾鱼煎煮到熟后，利用手持料理棒打成泥，再过筛以确保滤出整根鱼刺，无残留。

鸡肉南瓜面线

5
分钟

使用物品：不锈钢锅、不粘锅。

事前准备：南瓜泥（第88页）、鸡肉泥（第101页）。

材料：生鸡肉泥30克、南瓜泥2大勺、面线30克（也可以用软面条）、葱1克。

1

2

3

4

5

1　面线水洗后煮熟，盛出。

2　将南瓜泥拌入面线。

3　葱切碎，焯烫备用。

4　鸡肉泥以不锈钢锅煎炒至熟。

5　南瓜面线盛入盘中，放上鸡肉泥及葱花即可完成。

POINT

🍳 煮厨·史丹利小提醒

将面线用水冲洗，可去除咸味及多余面粉。

宝宝 9～12 个月健康吃

爸爸做的菜
最好吃了！

鲑鱼炖白萝卜

8
分钟

使用物品：不粘锅。

事前准备：鱼高汤（第78页）。

材料：鲑鱼50克、白萝卜小丁20克、姜片3片、鱼高汤1杯。

1　将不粘锅热锅后，放入鲑鱼煎至上色，飘出香味。

2　再放入姜片及白萝卜小丁拌炒。

3　最后加入鱼高汤炖煮6分钟即完成。

POINT

🍳 煮厨·史丹利小提醒

用鱼高汤炖煮的鲑鱼炖白萝卜非常美
味，若大人要吃，可以另外加调料，
味道更丰富。

医师·娘这样说

鲑鱼的鱼肉呈现粉色是因为摄取的食物
（虾、浮游生物）当中含很多虾青素，
让鱼肉成色偏红。不过现在野生的鲑鱼
非常少，我们餐桌上的大部分鲑鱼都是
养殖的，而从业者为了要让鱼肉卖相佳，会在饲料当中添加同样让鱼肉成色
偏红的胡萝卜素。因此，在挑选鲑鱼的时候倒不必特别相信越红越好。另外
养殖鲑油脂比较多，使用干煎、烤等方式逼出多余油脂，比较健康。

宝宝9～12个月健康吃

143

素蟹黄炖白菜

20
分钟

烹饪时间

使用物品：电蒸锅、不粘锅。

事前准备：鸡高汤（第79页）、胡萝卜泥（第93页）。

材料：胡萝卜泥5大勺、鸡蛋黄1个、白菜50克、色拉油1大勺、
鸡高汤2大勺。

144

»step »

1 | 白菜入锅蒸15分钟，至软烂取出。
2 | 将蒸熟白菜捏成球。
3 | 在胡萝卜泥中拌入鸡蛋黄。
4 | 起锅入油，加入胡萝卜蛋黄泥拌炒后，再加入鸡高汤煮成素蟹黄酱。
5 | 将素蟹黄酱淋在白菜球上即完成。

宝宝9～12个月健康吃

医师·娘这样说
很多人听到鸡蛋黄都退避三舍，因为它含胆固醇丰富。但是其实胆固醇是细胞膜维持稳定的重要物质，小孩子因为还在发育，是非常需要胆固醇的。另外，鸡蛋黄还有脂溶性维生素，也是少数含维生素D的食材之一。

145

素蟹黄南瓜豆腐煲

5分钟
烹饪时间

使用物品：不粘锅。

事前准备：鸡高汤（第79页）、蒜碎砖（第82页）、南瓜泥（第88页）、胡萝卜泥（第93页）。

材料：胡萝卜泥2大勺、南瓜泥4大勺、豆腐30克、蒜碎砖1/6块、鸡高汤1/4杯。

1   2  3

1 | 将豆腐切丁，入锅煎至上色。

2 | 加入蒜碎砖拌炒。

3 | 再加入胡萝卜泥、南瓜泥及鸡高汤拌
匀即完成。

POINT

👨 煮厨·史丹利小提醒

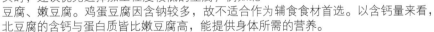

豆腐种类很多，像北豆腐、嫩豆腐、鸡蛋豆腐、冻
豆腐、百叶豆腐等，各有不同的口感和风味。在购
买时，建议优先选择加工程度较低的豆腐，例如北
豆腐、嫩豆腐。鸡蛋豆腐因含钠较多，故不适合作为辅食食材首选。以含钙量来看，
北豆腐的含钙与蛋白质皆比嫩豆腐高，能提供身体所需的营养。

在步骤1将豆腐略煎至金黄上色时，应避免表皮煎得过焦导致口感酥脆偏硬，影响宝
宝吞咽。烹调时，以煮的方式为佳，这样更有利于保住豆腐的营养。

宝宝9～12个月健康吃

147

牛肉芙蓉蛋

烹饪时间
6
分钟

使用物品：电蒸锅、滤网。

事前准备：牛肉汤碎肉（第97页）。

材料：牛肉汤碎肉1大勺、鸡蛋黄2个、配方奶1/4杯。

1 鸡蛋黄及配方奶拌匀成蛋液。

2 将蛋液过滤。

3 将过滤后的蛋液入碗。

4 撒上牛肉汤碎肉，入锅蒸4~6分钟即完成。

宝宝9~12个月健康吃

POINT

🍳 煮厨·史丹利小提醒

想做出漂亮的蒸蛋有2个秘诀。

❶ 将蛋液过滤是为了让口感更加绵软。

❷ 蒸蛋时，让蒸锅的盖子留一点细缝不要盖严，蒸出来的蛋会较光滑。

牛肉土豆球

6 分钟

使用物品：烤箱。

事前准备：洋葱碎砖（第81页）、蒜碎砖（第82页）、土豆泥（第88页）、牛肉汤碎肉（第97页）。

材料：牛肉汤碎肉2大勺、面包屑3大勺、土豆泥50克（也可用红薯泥代替）、洋葱碎砖1/3块、蒜碎砖1/6块。

1　牛肉汤碎肉、洋葱碎砖、蒜碎砖及土豆泥拌匀。

2　捏成球状或其他各式造型。

3　均匀裹面包屑。

4　预热烤箱200℃，将牛肉球烤3分钟上色即完成。

── POINT ──

🍳 煮厨·史丹利小提醒

裹面包屑的牛肉土豆球烤过后外酥里软，做成小球造型，是小朋友的最爱！

宝宝9～12个月健康吃

宝宝13~18个月健康吃

原味炊鱼

烹饪时间
8
分钟

▶ 使用物品：不锈钢锅（也可使用电蒸锅）。
▶ 事前准备：洋葱碎砖（第81页）、蒜碎砖（第82页）。
▶ 材料：鲈鱼80克、姜片3片、葱段1根、洋葱碎砖1/3块、蒜碎砖1/6块。

>>step >>

1 取不锈钢锅依次放入葱段、姜片及鲈鱼。
2 再加入蒜碎砖及洋葱碎砖。
3 锅置火上，上气后转小火煮4分钟即完成。

宝宝13～18个月健康吃

POINT

🍲 煮厨·史丹利小提醒

这道辅食将葱段与姜片垫底去除腥味，上层铺上洋葱碎砖及蒜碎砖提味，各位也可依喜好搭配不同的配料清蒸出鲜鱼的甜味，材料中的鲈鱼也可用鲑鱼取代。步骤中，我们使用不锈钢锅示范，若家中没有不锈钢锅，也可以用电蒸锅。

田园蔬菜烘蛋

烹饪时间
5
分钟

使用物品：不粘锅、手动搅碎机（若无手动搅碎机，也可用刀切碎）。

事前准备：鸡高汤（第79页）、洋葱碎砖（第81页）、胡萝卜碎砖（第83页）。

材料：鸡蛋1个、菠菜10克、洋葱碎砖1/3块、胡萝卜碎砖1块、鸡高汤1大勺、奶油1/2大勺。

>>step >>

1 将菠菜以手动搅碎机切碎，备用。
2 将菠菜碎用奶油炒熟。
3 在碗中加入鸡蛋与鸡高汤。
4 将菠菜碎、胡萝卜碎砖及洋葱碎砖加入鸡蛋液中拌匀。
5 鸡蛋液入锅炒半熟后，盖锅盖烘烤熟即完成。

宝宝13～18个月健康吃

155

鲑鱼西蓝花茶碗蒸

▶ 使用物品：电蒸锅、滤网。
▶ 事前准备：日式高汤（第77页）、鲑鱼泥（第105页）。
▶ 材料：鸡蛋1个、日式高汤1/2杯、西蓝花10克、鲑鱼泥15克（也可用鲭鱼）。

⟫⟫step⟫⟫

1

2

3

4

5

1 将西蓝花切碎备用。

2 鸡蛋打散，再加日式高汤。

3 鸡蛋液过滤倒入容器中。

4 入锅蒸6分钟。

5 加入鲑鱼泥及西蓝花碎，再蒸1分钟即完成。

POINT

🍳 煮厨·史丹利小提醒

想做出漂亮的蒸蛋有2个秘诀。

❶ 将鸡蛋液过滤是为了让口感更加绵软。

❷ 蒸蛋时，让蒸锅的盖子留一点细缝不要盖严，蒸出来的蛋较光滑。

蔬菜丝炒面线

6
分钟

使用物品： 不粘锅。

事前准备： 蒜碎砖（第82页）。

材料： 圆白菜丝5克、胡萝卜丝3克、青菜丝3克、蒜碎砖1/6块、鸡蛋1个、面线40克（也可以用软面条）、色拉油1大勺。

1

2 3

1　起锅，加入色拉油炒胡萝卜丝、青菜丝及圆白菜丝，入蒜碎炒香，盛出备用。

2　另起锅，倒入鸡蛋液炒成蛋碎，备用。

3　面线水洗后，将面线煮熟后卷起入盘，放上蔬菜丝及鸡蛋碎即完成。

医师·娘这样说

这道菜，聪明的各位一定有发现，史丹利老师又再度掌握了"蛋白质来源＋膳食纤维、矿物质、维生素来源＋碳水化合物来源"的营养均衡原则了吧？所以要做变化也很简单。胡萝卜、青菜、圆白菜可以替换成自己喜爱的其他蔬菜，鸡蛋碎当然可以用其他肉类或豆腐类代替。不过大家注意到了吗？老师这样的食材搭配还掌握了另一个"黄、绿、红"原则。一道引起食欲、赏心悦目的辅食，几乎都会有黄、绿、红三色。所以做给小宝贝的时候，在配色上也不得不花点心思。

宝宝13～18个月健康吃

奶酪青酱意大利天使面

烹饪时间
6
分钟

使用物品：不粘锅、手持料理棒。

材料：罗勒20克、橄榄油2大勺、蒜1瓣、坚果3克、意大利天使面40克、帕马森干酪1小勺（帕马森干酪粉也可用任何干酪取代，若小朋友不吃干酪，则可不加入）。

1 | 罗勒及蒜焯烫。

2 | 烫过后捞起泡冰水，再沥干挤出水分。

3 | 将意大利天使面煮熟。

4 | 取不粘锅，撒入干酪粉煎成脆饼备用。

5 | 将罗勒、蒜、橄榄油及坚果用手持料理棒打成青
酱备用。

6 | 将煮熟意大利天使面拌入青酱。

7 | 将青酱意大利天使面盛入盘中，放上干酪脆饼
即完成。

POINT

🍳 煮厨·史丹利小提醒

步骤中将罗勒焯烫后可保
留青翠色泽，在制作青酱
时也不会变黑。

鲑鱼芦笋炖饭

使用物品：不粘锅。

事前准备：软饭（第72页）、鸡高汤（第79页）、洋葱碎砖（第81页）、蒜碎
砖（第82页）、鲑鱼泥（第105页）。

材料：鲑鱼泥2大勺、芦笋10克、软饭40克、鸡高汤1/2杯、洋葱碎砖1/3块、
蒜碎砖1/6块、帕马森干酪粉1小勺（帕马森干酪粉也可用任何干酪取
代，若小朋友不吃干酪，则可不加）。

1　芦笋切丁后入锅焯烫。

2　取不粘锅，撒入干酪粉煎成脆饼备用。

3　将洋葱碎砖及蒜碎砖入锅拌炒。

4　加入鲑鱼泥、软饭与鸡高汤炖煮成炖饭。

5　盛起炖饭，放上干酪脆饼即完成。

POINT

🍳 煮厨·史丹利小提醒

挑选芦笋有3个重点。

❶ 芦笋尖端饱满。

❷ 笋支肥硕，不松，表示水分充足。

❸ 芦笋下面不干燥变色，干燥变色表示芦笋木质化，口感较差。保存时，可用餐巾纸沾湿包住芦笋下面，再用白纸包覆，放至冰箱，避免水分流失。

在这道辅食中，如果买不到芦笋或不喜欢吃芦笋，也可以用四季豆或其他豆类蔬菜代替。若使用青豆下面，建议先将青豆汆烫，以去除腥味。

宝宝13～18个月健康吃

南瓜西蓝花炖饭

烹饪时间
5
分钟

使用物品：不粘锅。

事前准备：软饭（第72页）、鸡高汤（第79页）、洋葱碎砖（第81页）、蒜碎砖（第82页）、西蓝花泥（第87页）、南瓜泥（第88页）。

材料：南瓜泥3大勺、西蓝花泥3大勺、软饭40克、黑芝麻1/4小勺、鸡高汤1/2杯、洋葱碎砖1/3块、蒜碎砖1/6块、配方奶1/4杯、帕马森干酪粉1小勺（帕马森干酪粉也可用任何干酪取代，若小朋友不吃干酪，则可不加）。

1　起不粘锅，加入洋葱碎砖、蒜碎砖、南瓜泥、软饭。

2　加入配方奶。

3　再加入帕马森干酪粉及鸡高汤炖煮。

4　拌煮至收干水分。

5　将南瓜炖饭以碗或模型整成圆形。

6　用西蓝花泥摆出头发。

7　用黑芝麻当眼睛。

8　最后再用西蓝花泥摆出嘴巴即完成。

医师·娘这样说

南瓜含丰富的维生素和矿物质，它的果肉呈黄色，是因为含较丰富的胡萝卜素。胡萝卜素被认为是保护眼睛最有用的营养素之一，因为它会转化为维生素A。缺乏维生素A是导致夜盲症的原因之一。但因为胡萝卜素是属于脂溶性维生素，所以做饭的时候要搭配油脂（例如本道菜搭配干酪一起使用）。

南瓜面疙瘩

烹饪时间
6
分钟

使用物品：不粘锅、叉子。

事前准备：鸡高汤（第79页）、洋葱碎砖（第81页）、蒜碎砖（第82页）、
南瓜泥（第88页）、土豆泥（第88页）。

材料：南瓜泥2大勺、土豆泥3大勺、高筋面粉3大勺、配方奶1/4杯、鸡高汤
4大勺、洋葱碎砖1/3块、蒜碎砖1/6块、帕马森干酪粉1/2小勺（帕马森
干酪粉也可用任何干酪取代，若小朋友不吃干酪，则可不加）。

≫step≫

1

2

3

4

5

6

Tip:
叉子醮上面粉
可防粘!

宝宝13～18个月健康吃

1 | 将土豆泥与高筋面粉拌匀成面团。

2 | 将面团搓成长条，用小叉子切成一口大小。

3 | 用叉子压造型，制作成多个面疙瘩备用。

4 | 起锅，将水煮开，将面疙瘩煮至浮起至熟，捞起备用。

5 | 起锅，将洋葱碎砖、蒜碎砖、南瓜泥、鸡高汤、配方奶、干酪粉拌炒均匀。

6 | 将煮熟的面疙瘩入锅拌炒即完成。

---- POINT ----

🍲 煮厨·史丹利小提醒

面疙瘩可以一次多做一点冻在冰箱冷冻室，忙碌时取出煮一下就能吃。

杏干炖鸡丁

烹饪时间
10
分钟

使用物品：不锈钢锅。

事前准备：鸡高汤（第79页）。

材料：软杏干3块、鸡腿小丁50克、葱花1小勺、 鸡高汤3大勺。

调味料：素蚝油1小勺、香油1/2小勺。

1 | 软杏干切丁块状。

2 | 将素蚝油、香油及鸡高汤加入杏丁与鸡腿小丁拌匀略腌后，将鸡腿丁捞起。

3 | 起锅，将腌好的鸡腿丁煎至上色。

4 | 再倒入步骤2的所有材料与葱花，炖煮约6分钟即完成。

┌ POINT ─────────

🍲 煮厨·史丹利小提醒

杏干也可用新鲜的杏，但因受季节限制，推荐各位爸妈用杏干，比较方便，做出的风味也很不错。

医师·娘这样说

这道菜，将来孩子大了，鸡腿丁就不必切小块儿了，或者干脆改成鸡腿排，就是好吃又好看的便当主菜啦。还可以取名"地中海杏干炖鸡佐葱花"，有没有立马上升了好几个档次的感觉?

焦糖布丁

烹饪时间
10
分钟

▶ 使用物品：不粘锅、不锈钢锅（或电蒸锅）、滤网。
▶ 蛋汁材料：鲜奶300毫升、鸡蛋3个、鸡蛋黄3个。
▶ 焦糖材料：砂糖2大勺、水6大勺。

≫≫ step ≫≫

1 将鲜奶、鸡蛋及鸡蛋黄拌匀后，过滤备用。
2 将砂糖及水熬煮成焦糖色。
3 将煮好的糖水舀入容器中。
4 再倒入鸡蛋液。
5 用蒸锅留缝隙蒸6~8分钟即完成。

Tip:
熬煮糖水时切勿搅
拌，以免结霜。

POINT ───

🍳 煮厨 · 史丹利小提醒

这道焦糖布丁是大人、小孩都爱的美味点心。在食谱中，我们将糖量调整为适合宝宝的量，若是大人吃，建议依喜好再加一些糖。上述步骤中，我们将鸡蛋液过滤后再蒸，这样布丁的口感更加绵软。蒸锅盖子放一只小叉子留细缝，可让布丁较光滑。

南瓜坚果煎饼

手指食物

烹饪时间
5
分钟

> **使用物品：** 不粘锅、手动搅碎机（若无手动搅碎机，也可用刀切碎）、保鲜膜。
> **事前准备：** 南瓜泥（第88页）。
> **材料：** 南瓜泥2大勺、红薯粉1大勺、玉米粉1大勺、炼乳1大勺、坚果30克。

>>>step>>>

1 将坚果用手动搅碎机打成颗粒备用。

2 其余食材搅拌成团。

3 铺上保鲜膜后，将面团压扁。

4 锅中加油后放入坚果碎。

5 再铺上南瓜面团。

6 煎至两面上色熟透后，切成条状即完成。

苹果葡萄果冻

烹饪时间
5
分钟

▶ 使用物品：手持料理棒、不粘锅。

▶ 材料：苹果1/2个、葡萄粒5颗、开水1杯、吉利丁2片（或1勺琼脂）、冰块适量。

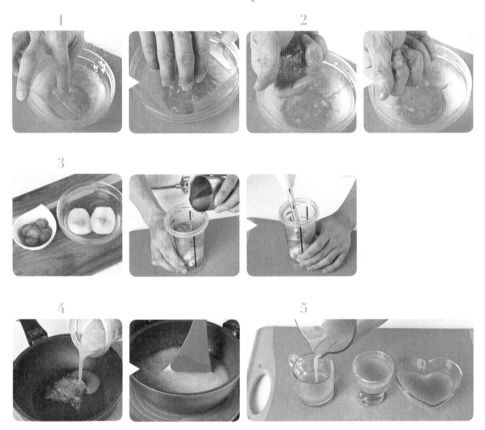

1 | 吉利丁泡冰水软化。
2 | 将软化的吉利丁挤干水分备用。
3 | 将葡萄及苹果去皮去子后加入开水，用手持料理棒打成果汁。
4 | 取不粘锅，将果汁及吉利丁入锅略微加热搅拌至吉利丁化开即可。
5 | 倒入容器或模型，放入冰箱冷藏室至定型即完成。

宝宝13～18个月健康吃

POINT

🍳 煮厨 · 史丹利小提醒

吉利丁又称明胶，是以动物皮、骨头提炼的胶质，故为荤食。素食主义者可选用琼脂（又称植物胶）。

宝宝19个月以上健康吃

牛油果奶油饭

烹饪时间
6
分钟

使用物品：不锈钢锅。

事前准备：蒜味奶油饭（第73页）。

材料：蒜味奶油饭1/2碗、牛油果1/8个、海苔丝1克。

调味料：酱油1小勺、柠檬1/10个。

1

2

3

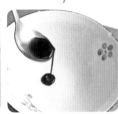

4

 ▶  ▶

1 | 将牛油果切丁。

2 | 牛油果丁中拌入少许柠檬汁备用。

3 | 将酱油加入柠檬汁拌匀成酱汁。

4 | 将蒜味奶油饭盛入碗中，放上牛油果丁，再淋上酱汁、撒上海苔丝即完成。

POINT

🍳 煮厨·史丹利小提醒

牛油果拌上柠檬汁不但能增
加香气，还可防止氧化。

 医师·娘这样说

牛油果虽然是一种果实，但与一般水果不一样，它富含脂肪！听到脂肪先别
倒退三步，牛油果所含的脂肪大部分都是不饱和脂肪酸，所以牛油果是"好
的脂肪来源"。另外，它也有丰富的矿物质与膳食纤维，加之本身高脂肪的
特性，有利于脂溶性维生素的吸收。

香菇肉臊饭

使用物品：不粘锅、手动搅碎机（若无手动搅碎机，也可用刀切碎）。

事前准备：米饭（第73页）、鸡高汤（第79页）。

材料：干香菇2朵、五花肉小丁100克、猪皮丁50克、红葱头1个、米饭1/2碗。

调味料：酱油2大勺、糖1大勺、五香粉1/2小勺、鸡高汤2杯。

1 | 将红葱头以手动搅碎机搅碎。

2 | 干香菇洗净泡水后切碎。

3 | 将除米饭的所有材料入锅炒香。

4 | 加入调味料炖约20分钟。

5 | 将肉臊淋至米饭上即完成。

POINT

🍲 煮厨·史丹利小提醒

香菇肉臊超下饭，建议煮一大锅冷冻起来，除了宝宝吃，带便当，或者忙碌时随时热一下，方便又省时，食材中的猪皮丁可以增加香味。

蔬菜番茄炖牛腩

使用物品：高压锅（若无高压锅，也可使用一般锅，但所需时间较长）、压胡萝卜的造型模型。

事前准备：鸡高汤（第79页）。

材料：牛腩块200克、番茄1个、西芹1/2根、洋葱1/4个、鸡高汤2杯、月桂叶1片。

调味料：酱油1大勺。

参考搭配主食材料：藜麦饭（藜麦3克、大米30克）。

参考配菜材料：西蓝花20克、胡萝卜1/6根（可煮熟压出造型）。

》》step 》》

1   2   3

4   5

参考搭配的主食、蔬菜也
可依喜好自由更换。

宝宝19个月以上健康吃

1 | 将藜麦及大米洗净后加入等量的鸡高汤，用高压锅蒸至熟透备用。
2 | 高压锅热锅后，将牛腩块煎香至出油。
3 | 再加入切好的番茄块、西芹块、洋葱块及胡萝卜炖约6分钟，胡萝卜压造型。
4 | 开锅后加入西蓝花焖2分钟即可。
5 | 最后将所有熟料及藜麦饭盛入盘中即完成。

医师·娘这样说
基本上，1岁半以上其实已经算走完辅食
阶段了，这个阶段主要发展使用餐具的功
能。爸妈可以让宝宝用自己专属的勺子、
叉子、水杯，加上可爱的餐盘装各式各样
的食物，让宝宝边吃边快乐学习大人的用
餐方式。

彩色米丸子

使用物品：电蒸锅。

事前准备：洋葱碎砖（第81页）、蒜碎砖（第82页）、南瓜泥（第88页）。

材料：猪肉馅100克、南瓜泥2大勺、大米3大勺、黑米1大勺、洋葱碎砖1/3块、蒜碎砖1/6块。

烹饪时间
70
分钟

1 大米及黑米泡水约1小时。

2 大米及黑米沥干水，分铺在盘上，拌匀备用。

3 南瓜泥拌入猪肉馅、洋葱碎砖及蒜碎砖，拌匀。

4 捏挤成一元硬币大小的球状。

5 均匀裹盘子上的生米。

6 入电蒸锅蒸约10分钟即完成。

POINT

🍲煮厨·史丹利小提醒

将南瓜猪肉泥挤成球时，手上沾点水可以防止粘手。

牛肉蔬菜汉堡排

6
分钟

使用物品：不粘锅。

事前准备：洋葱碎砖（第81页）、蒜碎砖（第82页）、胡萝卜碎砖（第83页）、将
西芹用手动搅碎机搅碎备用。

材料：细牛肉馅100克、洋葱碎砖1/2块、胡萝卜碎砖1/2块、西芹碎1大勺、蒜碎
砖1/6块、奶酪片1片。

⟫⟫ step ⟫⟫

1

2

3   4

宝宝19个月以上健康吃

1 　将洋葱碎砖、胡萝卜碎砖、蒜碎砖、西芹碎及细牛肉馅拌
　　匀，制成蔬菜牛肉泥。
2 　将蔬菜牛肉泥摔打后，捏搓成球备用。
3 　取不粘锅，将肉球两面煎熟。
4 　最后放上奶酪片即可完成。

― POINT ―――――――――――――――

🍲 煮厨·史丹利小提醒

你家的宝贝挑食、不爱吃蔬菜吗？没关系！快试试大人小孩都爱的汉堡排，
只要制作时把蔬菜碎夹在肉里，就能让孩子吃到营养的蔬菜啦！

葱烧鸡蓉豆腐汉堡排

烹饪时间
6
分钟

使用物品：不锈钢锅、手持料理棒。

事前准备：熟胡萝卜块、熟丝瓜圈、鸡高汤（第79页）、蒜碎砖（第82页）。

材料：鸡肉馅50克、豆腐50克、姜末1/4小勺、蒜碎砖1/6块、葱1/6根。

调味料：酱油1小勺、鸡高汤1/2杯。

建议配菜：熟胡萝卜块、熟丝瓜圈（也可换成其他蔬菜）。

1 | 将所有材料用手持料理棒搅拌。
2 | 再加入酱油调味拌匀。
3 | 将鸡肉泥捏成汉堡排。
4 | 取不锈钢锅热锅，将肉排煎熟。
5 | 加入鸡高汤煨煮，最后盛盘即可。

宝宝19个月以上健康吃

香菇酿肉

使用物品：不粘锅、手持料理棒、电蒸锅、厨房纸巾。

事前准备：蒜碎砖（第82页）、土豆泥（第88页）。

材料：新鲜香菇3朵、土豆泥4大勺、猪肉馅2大勺、土豆40克、核桃碎1大勺、蒜碎砖1/6块、黑芝麻适量。

1　将核桃碎用手持料理棒打成粉状备用。

2　将土豆切成1.5厘米×0.5厘米的条状。

3　将切好的土豆条烫煮约2分钟，捞起备用。

4　将新鲜香菇表面打井字花刀。

5　将香菇入锅烫2分钟，捞起。

6　用厨房纸巾吸干香菇的水分。

7　起锅，将猪肉馅炒香后，加入土豆泥、蒜碎砖及核桃粉。

8　用手持料理棒打均匀。

9　开始制作乌龟造型啦！

　　❶ 将土豆肉泥酿入烫熟的香菇。

　　❷ 用黑芝麻点缀眼睛，接着将烫熟的土豆条装饰成头、脚及尾巴造型。

10　将做好的香菇酿肉入锅蒸2分钟即完成。

无花果炖牛肉

8分钟
烹饪时间

使用物品：高压锅（若无高压锅，也可使用一般锅，但所需时间较长）。

事前准备：圆白菜切粗丝、煮熟胡萝卜块与菜花、烤造型南瓜。

材料：无花果干60克、牛腩100克、圆白菜粗丝80克、果醋2大勺。

建议配菜：烤造型南瓜、熟胡萝卜块、熟菜花（配菜也可自由更换其他蔬菜）。

>>> step >>>

1　　　　2　　　　3

4

1　将牛腩切块备用。

2　无花果干切粗条。

3　取高压锅热锅后将牛腩煎上色。

4　加入其余材料（无花果干、圆白菜粗丝及果醋）拌炒，盖上压力锅盖，上压后小火煮6分钟即完成。

POINT

🍲 煮厨·史丹利小提醒

这道辅食添加的果醋富含果酸，可使肉质柔软鲜嫩且增添风味，酸酸甜甜的口味，大人小孩都爱吃。若想增添风味，建议大人吃的另外加一点砂糖调味，让层次更丰富。无花果干也可用其他果干取代，例如杏干。

鲑鱼抹酱搭全谷片

烹饪时间 **8** 分钟

使用物品：不粘锅、手持料理棒。

事前准备：洋葱碎砖（第81页）、蒜碎砖（第82页）。

材料：鲑鱼150克、洋葱碎砖1/3块、蒜碎砖1/6块、动物鲜奶油2大勺、全谷片2片。

1

2

3

1 | 将鲑鱼煎熟后加入洋葱砖及蒜砖，拌炒后待凉。
2 | 将步骤1材料加入动物鲜奶油，用手持料理棒打成泥即为鲑鱼抹酱。
3 | 将鲑鱼抹酱涂抹于全谷片上即完成。

──── POINT ────

🍲煮厨·史丹利小提醒

若担心打成泥的鲑鱼酱残留鱼刺，可过筛剔除。

医师·娘这样说

全谷片也可以用其他饼干或是烤吐司取代。这道辅食可以作为即食早餐选择。现代人忙碌，往往省略掉早餐，但很多研究发现，省掉早餐反而会增加代谢综合征的风险！所以吃早餐的好习惯要从小培养。

蔬菜虾饼

使用物品： 不粘锅、手动搅碎机（若无手动搅碎机，也可用刀切碎）。

▶ **事前准备：** 洋葱碎砖（第81页）、蒜碎砖（第82页）、胡萝卜碎砖（第83页）。

材料： 草虾6只、圆白菜50克、胡萝卜碎砖1块、洋葱碎砖1/3块、蒜碎砖1/6块、奶油1大勺。

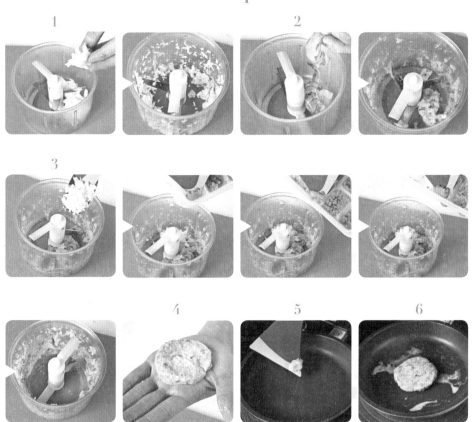

>>> step >>>

1

2

3

4 5 6

1 | 用手动搅碎机将圆白菜搅碎。
2 | 将草虾去壳及虾线后，用手动搅碎机搅打成泥。
3 | 在虾泥中加入除奶油的其他材料搅拌匀。
4 | 将虾泥捏成球后略为压扁。
5 | 取不粘锅，放入奶油。
6 | 将虾饼入锅煎熟即可完成。

雪花奶冻

▶ 使用物品：不粘锅、大碗、保鲜膜。
▶ 材料：鲜奶1杯、玉米淀粉2大勺、椰蓉2大勺。

烹饪时间
5
分钟

Tip:
一定要拌匀才能开火，以免粘锅！

>>>**step**>>>

1 | 取不粘锅，倒入鲜奶及玉米淀粉拌匀后开火。
2 | 持续搅拌至成稠状即可熄火。
3 | 倒入铺有保鲜膜的大碗。
4 | 放入冰箱冷藏，定型后取出切块。
5 | 最后裹椰蓉即可完成。

宝宝19个月以上健康吃

POINT

🍲 煮厨·史丹利小提醒

这道雪花奶冻吃起来冰凉顺口、入口即化，浓郁的奶香结合充满香气的椰蓉，是小朋友最爱的点心！材料中的椰蓉也可依个人喜好，改用花生粉、芝麻粉或其他坚果粉取代。喜欢吃原味，也可不裹任何粉直接食用，品尝鲜奶冻原始的香醇滋味！

杏干鲜奶酪

烹饪时间
5
分钟

▶ 使用物品：不粘锅、手持料理棒，造型模型。

▶ 材料：鲜奶1杯、鲜奶油1/2杯、吉利丁片2片（也可用琼脂代替）、糖1大勺、
　软杏干40克。

⇶ step ⇶

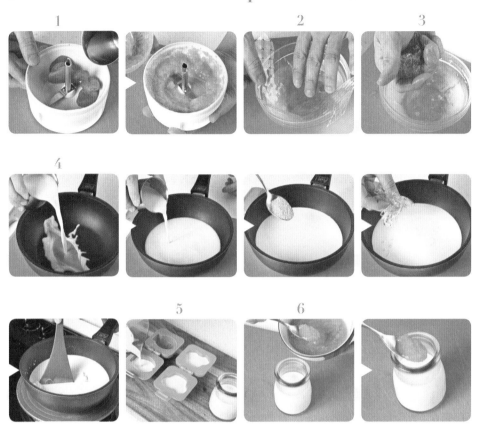

1 | 软杏干加入开水，用手持料理棒打成果泥备用。

2 | 吉利丁泡冰水至软化。

3 | 将软化的吉利丁挤干水分备用。

4 | 取不粘锅，将鲜奶、鲜奶油、糖及软化吉利丁搅拌煮化。

5 | 倒入模型或容器中，放入冰箱冷藏至定型即可取出。

6 | 淋上步骤1的杏干泥即可完成。

POINT

🍳 煮厨·史丹利小提醒

杏干也可用新鲜的杏代替，但因受季节限制，推荐用杏干，比较方便，做出的风味也很不错。

宝宝19个月以上健康吃

199

图书在版编目（CIP）数据

辅食超简单 / 医师·娘，李建轩著. — 北京：中国
轻工业出版社，2019.1

ISBN 978-7-5184-2247-0

Ⅰ.①辅… Ⅱ.①医… ②李… Ⅲ.①婴幼儿 – 食谱
Ⅳ.①TS972.162

中国版本图书馆CIP数据核字（2018）第269228号

版权声明：

本书通过四川一览文化传播广告有限公司代理，经捷径文化出版事业有限
公司授权出版

责任编辑：侯满茹　　　　责任终审：劳国强　　整体设计：锋尚设计
策划编辑：翟　燕　侯满茹　责任校对：晋　洁　　责任监印：张京华

出版发行：中国轻工业出版社（北京东长安街6号，邮编：100740）
印　　刷：北京博海升彩色印刷有限公司
经　　销：各地新华书店
版　　次：2019年1月第1版第1次印刷
开　　本：720×1000　1/16　印张：12.5
字　　数：240千字
书　　号：ISBN 978-7-5184-2247-0　定价：49.80元
邮购电话：010-65241695
发行电话：010-85119835　传真：85113293
网　　址：http://www.chlip.com.cn
Email：club@chlip.com.cn
如发现图书残缺请与我社邮购联系调换
180104S3X101ZYW